变化环境下南方湿润区水文模拟与响应

林凯荣 著

中国水利水电出版社
www.waterpub.com.cn
·北京·

内 容 提 要

　　本书是作者近 10 年来对变化环境下的水文水资源响应，尤其是南方湿润区环境变化下流域水文模拟方面研究成果的总结。全书共分八章，内容涉及流域水文模拟及其不确定性的控制与弱化，基于多重工作假说的流域水文建模方法，气候和土地利用变化下流域水文过程的响应，珠江三角洲水资源的演变趋势与驱动机理等。

　　本书可供水文水资源、水生态、水环境、水利工程、地理、资源等领域的研究生、工程技术人员与科研工作者参考。

图书在版编目（ＣＩＰ）数据

变化环境下南方湿润区水文模拟与响应 ／ 林凯荣著
. -- 北京 ：中国水利水电出版社，2017.12
　ISBN 978-7-5170-6195-3

　Ⅰ．①变… Ⅱ．①林… Ⅲ．①湿润区－水文模拟－中国 Ⅳ．①P334

中国版本图书馆CIP数据核字(2017)第326181号

书　　名	**变化环境下南方湿润区水文模拟与响应** BIANHUA HUANJING XIA NANFANG SHIRUNQU SHUIWEN MONI YU XIANGYING
作　　者	林凯荣　著
出版发行	中国水利水电出版社 （北京市海淀区玉渊潭南路 1 号 D 座　100038） 网址：www.waterpub.com.cn E - mail：sales@waterpub.com.cn 电话：(010) 68367658（营销中心）
经　　售	北京科水图书销售中心（零售） 电话：(010) 88383994、63202643、68545874 全国各地新华书店和相关出版物销售网点
排　　版	中国水利水电出版社微机排版中心
印　　刷	三河市鑫金马印装有限公司
规　　格	170mm×240mm　16 开本　13.75 印张　262 千字
版　　次	2017 年 12 月第 1 版　2017 年 12 月第 1 次印刷
印　　数	001—800 册
定　　价	**68.00 元**

前 言

"白云山高，珠江水长；大禹治水，源远流长。"水文学是地球科学的一个重要分支，它是一门研究地球上水的起源、循环及分布，水与物理、生态环境之间的相互作用及水对人类活动的响应等规律，以及应用这些规律为人类服务的知识体系。水文学同其他学科一样，在人类长期实践过程中，经历了萌芽、发展、成熟等阶段。可以说，水文学是人类在长期水事活动过程中，不断地观测、研究水文现象及其规律性而逐步形成的一门科学。

由于客观世界的复杂性、广泛存在的不确定性以及人类认识上的局限性，水文学仍有许多难点问题（如不确定性问题、非线性问题等）在理论上和实际应用上未能很好解决。但随着现代科学技术的发展，水文学的诸多难题得到了解决。此外，多学科交叉也使得水文学不断发展、不断壮大。

近几年，由于全球气候变化和人类活动的影响，水文循环发生了一些变化，进而导致流域水文过程的变异，而水文过程的变异反过来又对人类社会的发展产生重要的影响。因此，研究变化环境下水文过程模拟与响应已逐步成为水文学科的热点。

本人 1998 年进入武汉大学（原武汉水利电力大学）学习，2002年获硕博连读资格继续攻读博士学位，一直在恩师郭生练教授的指导下从事水文模拟与预报的研究，期间有幸参加了由中国科学院刘昌明院士领衔的国家重点研发项目（973）"黄河流域水资源环境演化规律与可再生性维持机理"的重要成果 HIMS 系统的研发工作。2007 年进入中山大学水资源与环境系工作，在水利工程学科带头人陈晓宏教授的引领下，一直专注于"变化环境下的水文水资源响应"的研究。2012—2013 年受国家留学基金委资助到美国伊利诺伊香槟分校访问学习，得到了连炎清、蔡喜明和 Vijay P. Singh 等教授的指导，拓展了在生态径流变化与响应方面的研究。从 2007 年至今，先后主持了"复杂环境系统下水文模拟与预测的不确定性研究""华南地区水文模拟与预报的不确定性研究""变化环境下广州东部水源地东江水资源响应研究""水文模拟与预报不确定性驱动因素贡献分解与对策研究"以及"基于多重工作假说的流域水文模拟方法与应用研究——以华南湿润区为例"等国家和省部级相关项目，对变化环境下华南地区的水文模拟与预测的不确定性、水文过程演变与响应等一系列科学问题开展了系统研究，并在国内外学术期刊发表了一系列学术成果，引起国内外学术界的普遍关注。

最近几年来，有不少老师与朋友强烈建议我总结以往的成果，出一本专著，作为对以前工作的系统总结。我一直以来都觉得专著的撰写需要具有较深厚的专业知识与学术沉淀，加上工作事务繁多，所以迟迟未能成行。今年在各位老师、同行以及学生的支持和帮助下，终于起笔著书。在成稿过程中得到了国家自然科学基金项目（51379223、50809078）以及广东省特支计划百千万工程青年拔尖人才计划的大力支持和资助；我的研究生何艳虎、黄淑娴、吕福水、翟文亮、林友勤参与了部分章节内容的研究和编写，我的博士研究生兰甜以及硕士研究生李文静、刘树壕和梁汝豪协助我对本书内容进行了整编与排版，并对书中的部分插图和文字做了进一步的完善与修订，在此一并表示衷心感谢！

我的家人在此书的撰写过程中也给予了我无私的帮助和支持。

此书涉及水文学的多个方面，可供水文学科的学生和科研人员参考。"路漫漫其修远兮，吾将上下而求索"，水科学的研究博大精深，由于编写时间仓促，加之编著者水平有限，缺陷和错漏在所难免，敬请读者批评指正。

林凯荣

2017 年 8 月于中山大学康乐园

目 录

第一章

绪　论

第一节　流域水文模拟与水文过程研究的学科发展与前沿问题

一、地表水模型的发展过程

地表水模型的发展过程如下：18 世纪 50 年代，地表水模型的推导公式被提出；1932 年，谢尔曼提出了流域单位线等一系列概念（Sherman，1932）；20 世纪 50 年代，Nash - Dooge 线性串联水库被提出（Nash，1957）；在 60 年代集总式概念性水文模型以及时间序列分析随机模型相继地被水文学家所研究；80 年代，SHE 等分布式物理模型被用来解决空间变异性等问题，水文模拟的精度进一步被提高（王文志，2010）；大尺度分布式水文模型及陆面过程成为 90 年代的研究热潮（Allen 等，2002）。

二、环境变化及其水文响应

近些年，变化环境已成为水文学研究和发展的大背景，其主要包括气候变化和流域下垫面变化。气候变化和流域下垫面变化均又分为自然变率和由人类活动影响的异常变化。自 19 世纪以来，全球平均气温显著增高并以指数形式陡增，其中甄别自然变化通常需要很长的历史资料，由人类活动引起的下垫面异常变化又包括土地利用变化、城市化建设以及各种水利工程等（宋晓猛等，2013）。环境变化的水文响应主要包含以下 3 个方面（许崇育，2013）：①水文时间序列一阶矩的非平稳性，即均值的趋势变化，其直接影响到水资源的估算；②水文时间序列高阶矩的非平稳性，包括 C_v、C_s、自相关系数、频率、概率分布等的变化，与现行的频率计算及水文设计息息相关；③水文关系的非平稳性，如降水径流关系及其他水文要素关系的变化密切关系到环境变化与水文响应、水文预测以及水资源管理等。不难发现，过去 10 年水文学的研究主要集中在甄别和模拟水文气候资料的历史变化趋势。而近年来，水文学家就非平稳序列的水文设计开展了大量的研究，但水文序列趋势变化原因以及历史变化趋势和将来变化之间的关系有待进一步探究（郑泽权等，2001）。

三、水文模型的研究应用

当前的水文模型是建立在水文序列平稳以及降雨径流关系稳定的基础上，通过参数率定、分段检验等研究方法可实现资料插补、延长以及水文预报等。对于变化环境下的应用还有很多尚未解决的问题，例如：①气候变化和下垫面变化的水文响应，体现在非平稳序列的预测、非稳定的降雨径流关系等；②区域和全球尺度的水文模拟，所存在的问题主要包括无资料区域的水文模拟，气候和下垫面的空间异质性等；③水文模型和气候模型的耦合，主要有时间和空间尺度的不匹配以及参数率定等一系列问题。在过去的研究工作中，通过选择一个或多个水文模型，用历史资料作参数率定和模型检验；采用不同的方法构建将来的气候变化情景，输入至率定好的水文模型来模拟未来的水文情势。然而，问题在于不同的水文模型即便在率定期和检验期的结果相差无几，一旦用将来的气候变化情景作为水文模型的输入，所模拟的未来水文情景相差巨大。即使同一个模型用不同时期的历史资料率定的参数，所得结果也相差巨大（Beven 和 Binley，1992）。

四、水文模型的不确定性

水文模型不确定性的研究是国际水文科学协会（International Association of Hydrological Sciences，IHAS）的 PANTA RHEI（Everything Flows）新提出的国际水文十年计划（2013—2022 年）和国际水文集合预报试验计划（Hydrologic Ensemble Prediction Experiment，HEPEX）的重要研究内容。不确定性存在于水文模型的每一环节，大量的基于贝叶斯理论的研究方法被用于解决水文模拟的不确定性问题，但是对水文模拟中的不确定性进行源头分析仍是具有挑战性的（梁忠民等，2010）。在水文模拟中的不确定性问题中，异参同效现象最为突出，即不同的参数模拟出同样的结果（杜新忠，2011），其主要原因包括：①模型结构过于复杂、模拟过程中的过参数化等问题；②现有资料不足，即仅依靠流量资料进行参数率定，但流量资料不足于约束所有参数；③资料误差，即系统误差造成水量平衡误差影响参数显著水平（李璐，2010）。

水文模型不确定性的来源存在于水文模拟过程中的每一步，主要归为输入不确定性、参数不确定性和结构不确定性三类，通过对总不确定性的源头进行分解，进一步控制并弱化水文模拟过程中的不确定性是当年的研究热点和重点

（熊立华等，2009）。

第二节 气候变化与下垫面变化对流域水文 过程影响的研究

近些年，"在变化环境下加强对水资源的预测能力以支持社会的可持续发展"已被反复的强调。事实上，国际水文科学协会在 2013 年已经提出了未来 10 年的研究主题是"水文与社会变化"，其目的在于倡导解决由于变化的环境和社会系统而引发的全球或区域的水问题的科学研究。所谓变化环境是指人类活动和自然演变过程的交织作用引起大气、地表以及水文循环等发生一系列变化。这些作用互相影响，直接或间接地改变着区域水文循环系统，人类活动以及气候变化对水文系统的作用如图 1-1 所示。

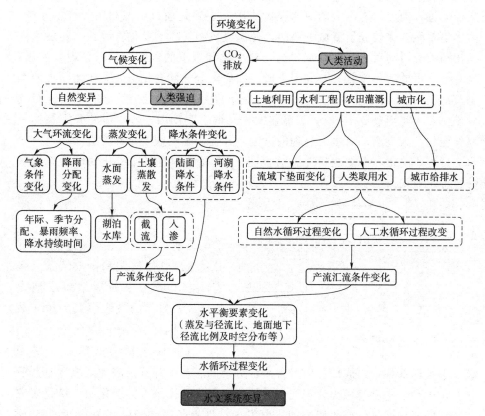

图 1-1 人类活动与气候变化对水文系统的作用（宋晓猛等，2013）

在变化环境下，新问题层出不穷，如何进行水文设计与计算，以往的设计成果和运行策略是否存在潜在的风险，这些关乎水利工程安全的问题，越发引起关注，需要重新审视与论证。此外，许多水文模型的研究问题突出，其中包括对人类活动的演变预测。在重新思考水资源和社会之间的联系时，社会水文学的概念和理论衍生而出，其旨在提供水文与人类活动的综合建模（Sivapalan等，2012；丁婧祎等，2015）。

随着社会经济的发展以及科学技术的更新，人类活动对流域水循环的干预强度日益增大。人类活动引起的水文循环状况和水量平衡要素在时间、空间和数量上发生着不可忽视的变化。而土地利用方式的改变、在河流上兴修水工建筑物、大面积灌溉和排水以及都市化和工业化等活动，必然会在不同程度上改变土地的覆盖状态，进而影响到以土地为下垫面的水文循环和水资源形成过程，这就是人类活动——土地利用/覆盖变化（Land Use/Land Cover Change，LUCC）带来的水文水资源效应（万荣荣和杨桂山，2005；赵米金，2005）。气候变化是通过气温、降水等因素的改变来影响陆地水文循环系统，从而影响水文径流过程的。而人类活动对水文的影响，主要是通过土地利用、水土保持、雨水集蓄等方式改变了流域下垫面，使产流机制发生了变化。因此，开展气候变化和人类活动对水文的影响研究，对变化环境下的水资源规划管理与应用，具有十分重要的科学意义和应用价值。如何区分气候变化与人类活动（土地利用/覆盖变化）对径流变化的贡献率，是研究其影响的一个核心问题。针对气候变化和人类活动（土地利用/覆盖变化）两个驱动因素，本研究分别综述了气候变化、人类活动对水文过程的影响，并提出了气候变化和人类活动对流域水文过程影响贡献分解的研究方法，图1-2显示的是径流变化的驱动因素区分过程示意图。

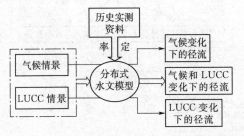

图1-2 径流变化的驱动因素区分过程示意图

一、气候情景

目前，全球气候情景包括两部分：全球气候模式和排放情景（张雪芹，2008）。从排放情景反演出的浓度情景作为气候模式的输入数据，以计算气候预估结果。

气候模式是用来描述气候系统、系统内部各个组成部分以及各个部分之间、各个部分内部子系统间复杂的相互作用的，它已经成为认识气候系统行为和预估未来气候变化的定量化研究工具。随着全球气候变化研究的不断发展，世界各国已经研制了40多个全球气候模式（GCMs）（Dong，2012）。排放情景是指一种关于对辐射有潜在影响的物质（如温室气体、气溶胶）未来排放趋势的合理表述。它基于连贯的和内部一致的一系列有关驱动力（如人口增长、社会经济发展、技术变化）及其主要相关关系的假设。目前，IPCC提供了4种排放情景（Leggett等，1992）：①A1情景，即经济增长非常快，全球人口数量峰值出现在21世纪中叶，新的和更高效的技术被迅速引进；②A2情景，即人口快速增长，经济发展缓慢，技术进步缓慢；③B1情景，即全球人口数量与A1情景相同，但经济结构向服务和信息经济方向更加迅速地调整；④B2情景，即人口和经济增长速度处于中等水平，强调经济、社会和环境可持续发展的局地解决方案。

二、人类活动情景

考虑人类活动主要以土地利用/覆盖变化为主，此处的人类活动情景也可以称为土地利用/覆盖变化情景。由于人口、经济、技术发展等因素对土地利用变化有着直接的影响，土地利用/覆盖变化情景将充分考虑这些变化驱动因素。当人类活动较为复杂、资料不全的情况下，可以利用遥感系统（RS）和地理信息系统（GIS）的土地利用/覆盖图片来分析人类活动引起的土地利用/覆盖变化；然后保持分布式模型中的气象输入资料不变，将LUCC信息作为分布式模型的输入，得到LUCC影响下的径流变化；接着保持LUCC信息不变，将变化的气候资料作为输入，得到气候变化下的径流变化；最后，将LUCC和气候变化引起的径流变化比较，区分气候变化和人类活动对水文要素变异的贡献率（董磊华，2012）。

第三节　主要研究内容

本研究针对变化环境下南方湿润区水文模拟与响应问题（图1-3），开展了水文模拟及其不确定性的研究，强调了流域水文模拟不确定性的概念与内涵，介绍了常见的不确定性的评估方法及相关的改进方法。然后，对常见的不确定性驱动因素进行识别，包括地形地貌、径流系数、似然函数以及模型参数等。本研究进一步地提出了水文模拟不确定性的估计与弱化方案，分别从水文过程聚类、分水源比较以及内部节点验证信息着手。针对水文模拟过程中水文模型结构的不确定，本研究提出了多重工作假说的流域水文建模方案，实现了从较单一水文模型结构到多组合的模块化水文模型，从较单一流量过程的评价体系到多重因子的诊断方法的转变，从而解决了变化环境下如何构建合适的水文模型的问题。在变化环境下流域水文模拟与评价方面，本研究分别探讨了气候变化和下垫面变化对流域水文过程的影响，并提出了气候变化和人类活动对流域水资源影响的贡献分解的计算方案。最后，探讨了珠江三角洲水资源的演变趋势与驱动机理，介绍了珠江三角洲的水文变化基本情势，探究了影响蒸发皿蒸发量变化的潜在因素。最后，建立了考虑秩序的河流生态流量特征变化评价方法，基于周期改变度、趋势改变度和对称改变度3个指标，创新性地提出了改进的RVA方法，弥补了原有RVA方法的不足，本研究的结构框架见图1-3。基于上述一系列的研究和探索，初步实现了变化环境下南方湿润区更加科学准确的水文模拟与评价，为未来区域水安全调控提供支撑。

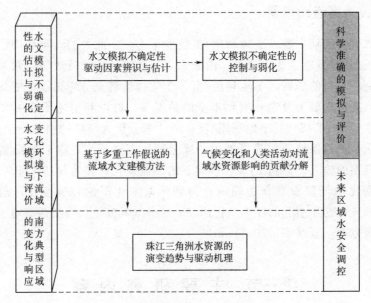

图1-3 变化环境下南方湿润区水文模拟与响应研究框架

一、流域水文模拟及其不确定性

在不确定性估计方法方面，本研究发展了目前国际上较流行的GLUE不确定性估计方法，构建了考虑参数相关性的不确定性估计方法（Copula-GLUE），从而更加全面地估计了水文模拟与预报的不确定性。Beven和Binley在1992年基于Horberger和Spear的RSA方法提出了的GLUE（general likelihood uncertainty estimation）的模型参数不确定性估计方法（Beven和Binley，1992）。该方法易于理解，可以用于各种程度的复杂性和非线性的模型中，是目前水文模拟、水质模拟中主要的不确定性估计方法之一（张质明，2014；黄国如和解河海，2007）。然而该方法假定模型参数之间是相互独立的，从而有可能带来更多的认知不确定性。为此，在原有的GLUE方法的基础上，本研究引入Copula函数来描述模型参数之间的相关性，建立了基于Copula-

Glue 的水文模型参数不确定性估计方法，简称 CGLUE 方法。该方法的贡献在于：它能够很好地考虑参数间的相关性，从而避免了假设参数独立的采样方式有可能过大估计模型参数的不确定性的问题。不仅提高了计算效率，并在一定程度上弱化了水文模拟与预报的不确定性。

在不确定性驱动因素方面，开展了流域地形地貌、径流系数、模型参数和似然函数等因素对水文模拟与预报及其不确定性的影响分析，尤其揭示了现有的参数不确定性分析方法通过调整参数的后验分布掩盖了 DEM 分辨率对流域水文模拟与预报的影响。研究发现了 DEM 分辨率对流域地形指数的计算有着很大的影响，但由于现有的水文模拟主要依靠实测资料的拟合程度进行参数率定，在一定程度上掩盖了不同 DEM 分辨率计算的地形指数的差别，导致了 DEM 分辨率对最终模拟结果的影响不大。本研究从不同 DEM 分辨率得到的参数后验分布的形状基本一致，但各个参数值所占的比例有所不同。换而言之，参数不确定性分析方法通过调整参数后验分布，从而掩盖了不同 DEM 分辨率计算的地形指数的差别。

二、水文模拟不确定性的控制与弱化

弱化水文模拟与预报的不确定性的有效途径之一是充分利用已有数据，同时引入新数据源。但很多流域没有条件引入新数据源，尤其是缺资料地区。然而，这种不确定性是可以通过充分挖掘已有数据信息来避免的。为此本研究提出了水文过程聚类、分水源比较和内部节点验证的新方法，在一定程度上弱化水文模拟与预报中的不确性。不确定性问题的深入研究必将进一步推动水文科学进入精细模拟和精确预报的新阶段，具有重要的基础理论研究价值和实际应用价值（尹雄锐，2006）。

首先，引入模糊 C-均值聚类方法（FCM）对水文过程进行聚类分析，结合 SCEMUA 方法，建立基于 FCM-SCEMUA 的水文模型不确定性估计方法，在一定程度上弱化了水文模拟与预报中的不确定性，得到更加合理的预测区间（Bezdek 等，1984）；而且该方法只在率定期需要采用分类来获取更加合理的参数组，而检验期是不需要用到聚类信息的，也就是最后用于预报的参数组是适用于各个分类的，因此该方法可以用于带有预见期的实时洪水预报，从而为流域防汛和水资源管理决策提供更加可靠的依据。其次，提出了分水源比较的弱化水文模拟的不确定性方法，利用分水源信息，进一步优化了水文模拟与预报的有效参数组，从而弱化了水文模拟与预报中的不确定性。最后，利用流域内部更多的节点信息，进一步优化了水文模拟与预报的有效参数组，从而弱化了水文模拟的不确定性，可为控制和弱化未来更加精细化水文模拟可能带来的不确定性提供有效途径。

三、基于多重工作假说的流域水文建模方法

相对于观测数据和模型参数而言，基于现有科学认知体系构建的模型结构是建模过程中不确定性的另外一个主要来源。传统的单一工作假说更关注一个较为固定结构的水文模型的研究，而忽略其他可能更为科学合理的结构或者方法。针对该问题，本研究提出了基于多重工作假说的流域水文建模方法，该方法首先通过基于组件技术的模块化流域水文模型框架，结合研究流域的气候和下垫面信息，确定可供选择的相对合理的假说模型和参数；然后运用每个假说模型进行模拟试验；根据建立的基于贝叶斯理论的流域水文模拟多重因子评价诊断方法进行模型假说检验；最后，运用通过多重工作假设检验的水文模型进行实际的预报。

基于多重工作假说的流域水文模拟系统实现了从较单一水文模型结构到多组合的模块化水文模型，以及从较单一流量过程的评价体系到多重因子的诊断方法的转变，全面地、定量地检验流域水文模型的合理性与适用性，从而解决了变化环境下如何构建合适的水文模型的问题。这对于完善水文预报理论、改善预报精度以及为防洪调度提供科学的决策依据，具有重要的理论意义和实际应用价值。

四、气候变化下流域水文过程的响应

近百年来，全球气候变化特征以变暖为主，地球表面的平均温度在过去100年间（1906—2005年）增加了0.74℃，其中过去50年（1956—2005年）的增长速率约为过去100年的2倍（秦大河，2008）；与此同时，全球降水也发生了显著变化。受全球变暖的影响，全球水文循环过程加剧，极端水文事件（如洪水、干旱等）频繁发生，而评估气候变化对水文流域水文循环的影响是当前的研究热点之一，水文学家越来越重视水量平衡要素观测到的变化中有多少是由于气候变化引起的（宋晓猛等，2013；Minville等，2008）。因此，本研究定量和定性地评估了不同设计气候情景模式下流域径流量的变化以及未来气候特征对径流的影响。

首先对东江流域21个气象站1959—2008年的逐年平均降雨、蒸发、日照时间、湿度及气温等气象要素序列进行趋势变化分析，然后分析了不同气象要素时间序列与径流序列的关联性，最后基于未来流域不同频率降雨量的变化，构建了未来气候变动的36种假设情景，运用改进的SCS月模型，分析了不同气候情景下各子流域对径流量的变化幅度。与此同时，本研究应用SDSM统计降尺度模型模拟HadCM3输出的A2和B2气候情景生成东江流域未来3个时段两种气候情景下的气温和降水序列，并作为SWAT模型的输入，分析了

未来气候情景下东江流域径流的变化。本研究开展了气候变化下水文响应研究，不仅对完善东江流域分析理论和方法具有重要的科学意义，而且对变化环境下流域水资源评价和管理具有重要的实践意义。

五、土地利用对流域水文过程的影响

在较长时间尺度上，气候变化对水文水资源的影响更加明显，但短期内，土地利用是水文变化的主要驱动要素之一。LUCC 改变了地表植被的截流量、土壤水分的入渗能力和地表蒸发等因素，进而影响着流域的水文情势和产汇流机制，增大了流域洪涝灾害发生的频率和强度。LUCC 水文效应的研究是未来几十年的一个热点问题，因此，本研究于第六章中探究了土地利用变化对流域水文过程的影响。首先，本研究利用改进的 SCS 月水量平衡模型，以东江流域顺天、蓝塘、九州及岳城 4 个子流域为例，对比了其土地利用的变化情势，并通过模拟人类活动时期的径流量，分析了土地利用变化对区域水资源的影响，进一步探讨了土地利用变化对区域水旱灾害风险影响；然后，本研究采用 SWAT 分布式水文模型分析了东江流域顺天、岳城、蓝塘子流域在未来气候变化下不同土地利用变化对水文循环的影响。通过已率定好的 SWAT 模型和天气发生器，生成未来 40 年的气象数据。基于未来的气候变化，构建了 3 种土地利用变化情景，分别是土地利用保持现状、实行"退耕还草"政策以及实行"退耕还林"政策，综合分析了不同土地利用变化情景下的水文响应情况。本研究通过对土地利用水文效应的研究，为探究南方湿润地区在变化环境下水文循环的发展提供了重要的理论贡献和实践价值。

六、气候变化和人类活动对流域水文过程影响的贡献分解

近些年，变化环境中水文循环与水资源的研究成为水利学科的主要研究热点之一，气候变化和人类活动是变化环境的重要体现和组成部分，其带来的水文水资源效应不同程度地改变着流域径流量的大小。因此，合理地分析气候变化和人类活动对区域水资源的影响显得尤为重要。本研究基于前人的工作，进一步地提出气候变化、土地利用及其他人类活动对流域径流影响的贡献分解方法；采用实际的土地利用和气象资料，分离出气候变化、土地利用及其他人类活动对东江流域径流影响的贡献程度。三者影响量的分离，有助于识别影响径流改变的主要因子，对流域水资源规划和调控、水灾害的防控有着重要意义。

七、珠江三角洲水资源的演变趋势与驱动机理

针对南方湿润区的环境变化，本研究从气候因子，再到下垫面的变化和水资源的演变及其评价方法进行了系统深入的研究，揭示了蒸发皿蒸发量的空间

变化规律及其下降的主要驱动因子；同时，建立了考虑秩序的河流生态流量特征变化评价方法，更加全面和准确地评价河流生态水文特征的变化，为评价河流生态水文特征变化提供更加科学的计算依据。

与此同时，本研究系统地分析了广东省过去 50 年间蒸发皿蒸发量、降水、气温、日照时间、相对湿度、风速、云量、水汽压的变化趋势，重点对"蒸发悖论"在广东省的规律进行分析（丛振涛等，2008）。与现有的其他成果相比，本研究采用聚类分析的方法在空间上对广东省蒸发皿蒸发量的变化进行了分类，揭示了蒸发皿蒸发的空间变化规律及其下降的主要驱动因子。再者，本研究深入分析了珠江三角洲径流的演变趋势和驱动机理，建立了考虑秩序的河流生态流量特征变化评价方法。与原有的主流 RVA 方法相比，本研究引入了水文时间序列的秩序改变度的新思路，创新性地提出了周期改变度、趋势改变度和对称改变度 3 个指标，弥补了原有 RVA 方法的不足，可以更加全面和准确地评价河流生态水文特征的变化，为评价河流生态水文特征变化提供更加科学的计算依据。

参 考 文 献

［1］ 丛振涛，倪广恒，杨大文，等."蒸发悖论"在中国的规律分析 [J]. 水科学进展，2008，19 (2)：147 – 152.

［2］ 丁婧袆，赵文武，房学宁. 社会水文学研究进展 [J]. 应用生态学报，2015，26 (4)：1055 – 1063.

［3］ 董磊华，熊立华，于坤霞，等. 气候变化与人类活动对水文影响的研究进展 [J]. 水科学进展，2012，23 (2)：278 – 285.

［4］ 杜新忠. 流域水文模型的不确定性分析 [D]. 长沙：长沙理工大学，2011.

［5］ 黄国如，解河海. 基于 GLUE 方法的流域水文模型的不确定性分析 [J]. 华南理工大学学报（自然科学版），2007，35 (3)：137 – 142.

［6］ 李璐. 流域水文模型不确定性分析方法的理论和应用研究 [D]. 北京：中国科学院大学，2010.

［7］ 梁忠民，戴荣，李彬权. 基于贝叶斯理论的水文不确定性分析研究进展 [J]. 水科学进展，2010，21 (2)：274 – 281.

［8］ 秦大河. 对 IPCC 评估报告的理解 [C]. 气候变化与科技创新国际论坛，2008.

［9］ 宋晓猛，张建云，占车生，等. 气候变化和人类活动对水文循环影响研究进展 [J]. 水利学报，2013，44 (7)：779 – 790.

［10］ 万荣荣，杨桂山. 流域 LUCC 水文效应研究中的若干问题探讨 [J]. 地理科学进展，2005，24 (3)：25 – 33.

［11］ 王文志，罗艳云，段利民. 分布式水文模型研究进展综述 [J]. 水利科技与经济，2010，16 (4)：381 – 382.

［12］ 熊立华，卫晓婧，万民. 水文模型两种不确定性研究方法的比较［J］. 武汉大学学报（工学版），2009，42（2）：137 - 142.

［13］ 许崇育，陈华，郭生练. 变化环境下水文模拟的几个关键问题和挑战［J］. 水资源研究，2013，02：85 - 95.

［14］ 尹雄锐，夏军，张翔，等. 水文模拟与预测中的不确定性研究现状与展望［J］. 水力发电，2006，32（10）：27 - 31.

［15］ 张雪芹，彭莉莉，林朝晖. 未来不同排放情景下气候变化预估研究进展［J］. 地球科学进展，2008，23（2）：174 - 185.

［16］ 张质明，王晓燕，于洋，等. 基于 GLUE 法的多指标水质模型参数率定方法［J］. 环境科学学报，2014，34（7）：1853 - 1861.

［17］ 赵米金，徐涛. 土地利用/土地覆被变化环境效应研究［J］. 水土保持研究，2005，12（1）：43 - 46.

［18］ 郑泽权，谢平，蔡伟. 小波变换在非平稳水文时间序列分析中的初步应用［J］. 水电能源科学，2001，19（3）：49 - 51.

［19］ Beven K，Binley A. The future of distributed models：model calibration and uncertainty prediction［J］. Hydrological processes，1992，6（3）：279 - 298.

［20］ Bezdek J C，Ehrlich R，Full W. FCM：The fuzzy c - means clustering algorithm［J］. Computers & Geosciences，1984，10（2 - 3）：191 - 203.

［21］ Dong L. The Uncertainties of the Effects in Hydrology under Climate Change［J］. 环境科学前沿，2013，1（1）：1 - 6.

［22］ Leggett J，Pepper W J，Swart R J，et al. Emissions scenarios for the IPCC：an update［J］. Climate change，1992：69 - 95.

［23］ Minville M，Brissette F，Leconte R. Uncertainty of the impact of climate change on the hydrology of a nordic watershed［J］. Journal of hydrology，2008，358（1）：70 - 83.

［24］ Nash J E. The form of the instantaneous unit hydrograph［J］. International Association of Scientific Hydrology，Publ，1957，3：114 - 121.

［25］ Sherman L R K. Streamflow from rainfall by the unit - graphmethod［J］. Eng. News Record，1932，108：501 - 505.

［26］ Sivapalan M，Savenije H H G，Blöschl G. Socio - hydrology：A new science of people and water［J］. Hydrological Processes，2012，26（8）：1270 - 1276.

［27］ Allen M R，Ingram W J. Constraints on future changes in climate and the hydrologic cycle［J］. Nature，2002，419（6903）：224 - 232.

第二章

流域水文模拟及其不确定性

第一节　流域水文模拟不确定性的概念与内涵

水文事件的发生、发展和运动都属于必然性和偶然性的对立统一体，因而在水循环系统中，既存在着确定性也存在着不确定性。确定性方法主要是基于数学方程和物理模型构建的水文模型，能够较好地对复杂的水文系统进行描述、模拟和预报。但事实上，水文系统是复杂的、非线性的过程，建立在物理简化基础之上的水文模型，与实际情况存在一定的差异，而且随着变化环境所引入的不确定性因素增多，仅仅凭借确定性方法来分析水文系统内在的规律，不可避免地会忽略不确定因素所造成的影响，大大降低结果的可信度。因此，综合运用确定性方法和不确定性方法分析水文系统内部的必然性和偶然性是今后水文学方法发展的一个趋势（Vrugt 等，2008）。

水文学确定性方法虽然基于一定的物理机制，但并非能完全地模拟和预测复杂的水文系统，迫于客观需求，不可避免地会进行一些简化处理，因此在模拟和预测过程中，必然存在着不确定性。已有的研究表明，水文模型不确定性的来源主要包括输入不确定性、参数不确定性和结构不确定性（Renard 等，2010；严登华等，2013），如图 2-1 所示。

1. 输入数据不确定性

水文模型输入数据的质量决定着模型运行结果的精度，但在实际操作过程中，由于输入数据种类繁多（如降水、气温、土壤含水量、蒸发量等），不同类型数据精度不同，相同类型数据的来源不一，从而使得输入数据成为不确定性来源之一（宋晓猛等，2011）。以降水数据为例，一方面，气象观测站与降水时空分布之间的差异是不确定性的主要来源，即以点降水量反映区域降水量（尹雄锐等，2006）；另一方面，降水观测值的获取渠道较多，除主要的地面气

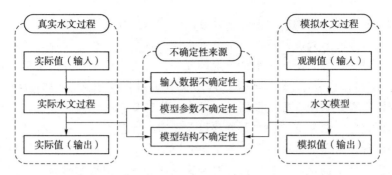

图 2-1 水文模型不确定性的来源（严登华等，2013）

象站观测值外，还可以通过雷达测雨技术、遥感技术和气象预报技术获取，而各类技术方法精度不同，需通过多元降雨信息同化来降低其不确定性（Aronica Hankin 与 Beven，1998；芮孝芳等，2007）。

2. 模型参数不确定性

从理论上来讲，模型参数的确定应基于原型观测和实验等直接测量结果。但实际操作过程中，并非所有的参数都能完全依据此过程确定出来，很多参数都是通过历史数据率定得到的，通过这些参数所得到的模拟结果虽然能与实际情况相吻合，但参数本身是否具有一定的物理机制还有待分析（Beven，1995）。

此外，在模型参数的率定过程中存在着异参同效现象。流域水文模型的构建过程中，为适应流域下垫面空间变异性，需将流域下垫面离散化，因而每个不同的单元就必须配备一套独立参数。然而，就流域出口断面的水文过程而言，不同的参数组合可以达到相似的模拟效果，也就是说，存在多组最优参数，而这些多参数的率定过程则会给模型带来更多的不确定性（胡和平与田富强，2007）。

3. 模型结构不确定性

水文模型实际上是在对水文循环规律长期认识的基础上，结合数学物理公式而形成的（吴险峰与刘昌明，2002）。在这一过程中，存在着 3 个方面的不确定性因素：①由于水文过程是复杂的、非线性的，因此在用公式描述复杂的水文现象时，不可避免地会存在假设和概化，简化或者忽略一些影响因素，而这必然会引入不确定性；②客观规律的认识因人而异，不同的建模者对同一规律可能会有不同的认识和描述；③水文模型中描述水文子过程的方程有其适用的尺度，而这一尺度不一定与模型应用的尺度相匹配。

第二节 流域水文模拟不确定性分析方法概述

针对复杂环境系统下水文模拟与预报的不确定性问题，本节总结和归纳了现行的水文模拟的不确定性参数估计方法、成果及存在的问题。

水文系统的研究涉及自然界中各种水体的存在、分布、循环、物理化学性质及其环境因素等。因此，水文系统的复杂性使得不确定性分析贯穿于水循环研究过程的始终。从检测获取及处理水文数据过程到水文模型的开发、应用等，都伴随着大量的不确定性因素。其中，水文数据的不确定性主要表现为正确与错误并存、信息与"噪声"并存以及正常与异常并存。水文模型的不确定性主要体现在结构的选择、参数的率定、方法的优选、目标函数的确定等。因此，水文模拟不确定性分析的探究对水文系统、水文预报的研究尤为重要。

一、随机不确定性分析方法

自然界中水文现象极为复杂，确定性模型很难描述，在水文系统中引入随机理论成为水文系统研究的重要方法。这种方法根据水文系统观测资料的统计特征和随机变化规律，建立能估计系统水文情势的随机模型，由模型通过统计试验获得模拟序列，再进行水文系统分析计算，解决系统的规划、设计、运行与管理等问题（王文圣等，2007）。

水文系统的信息以时间序列形式出现时，一阶马尔科夫过程（first order markov process）常用于数据预测，该过程可通过以下方程式表示：

$$X_i + 1 = \mu_X + \rho_X(1)(X_i - \mu_X) + \varepsilon_{i+1} \tag{2-1}$$

式中：X_i 为第 i 时刻的水文特征值；μ_X 为 X 的平均值；$\rho_X(1)$ 为第一阶序列相关度；ε_{i+1} 为具有不确定性的随机变量。

这些随机变量的期望和方差分别为 $E(\varepsilon) = 0$，$Var(\varepsilon) = \sigma^2$。采用无偏估计（unbiased estimation）和一致性估计（consistent estimation）方法对 ε 进行估计（Haan，1977）。

随机不确定性分析方法由于结构简单，操作方便，在水文系统得到广泛的应用。Heemink 和 Van Den Boogaard 提出了原理和形式与一阶马尔科夫过程均相似的随机游走模型（Random Walk models），并对模型进行参数识别和验证（Heemink 和 Van Den Boogaard，1994；Krzysztofowicz 和 Maraanzano，2004）。根据确定性水文模型的输出信息来修正原有的先验信息，提出了概率定量降雨预报系统，以此来研究降雨的不确定性和水文过程的随机性。利用统计方法对地下水模拟过程中的随机不确定性进行分析的文献也较多（Bentley，1994；刘佩贵和束龙仓，2008）。

二、模糊不确定性分析方法

水文系统的模糊性作为一个基本事实，主要是指客观现象的差异在中介过渡时呈现的亦此亦彼的特性，是由于水文概念本身没有明确的外延，一个对象是否符合这个概念难以确定而形成的不确定性（陈守煜，1990）。水文预报、调度和管理均需要分析水文情势，而水文情势的划分具有不确定性。模糊划分是模糊不确定性分析方法的基本技术，其基本思想是基于模糊数学理论建立最优模糊划分矩阵和最优模糊分类中心矩阵的目标函数，并对其求解。

模糊不确定性分析方法在水文系统研究中有着广泛应用，如年径流中长期预报、月径流随机模拟及多年径流过程的周期分析等（陈守煜等，2009；吴佳文等，2008）。Cloke 等应用有限元地下水流模型（ESTEL - 2D）模拟英国什罗郡（Shropshire）的塞文河（the River Severn）边的一个洪泛平原的水文过程（Cloke 等，2008）。该研究结合模糊特征函数来完成多方法全局敏感性分析（multi - method global sensitivity analysis，MMGSA），研究结果表明该方法对于模型的理解和状态参数的预测是一个有效方法。Huang 等开发了一套模糊模拟方法（fuzzy - based simulation method，FBSM）研究塔里木河流域水资源管理，该方法能够分析水文模拟系统中存在于模糊集中的不确定性，而且可以应用于含有多个具有不确定性要素的水文系统的模拟，改善了流域水资源管理决策（Huang 等，2010）。

三、广义似然不确定性估计

广义似然不确定性估计（generalized likelihood uncertainty estimation，GLUE）方法是一种集合预报方法，它认为导致模型模拟结果好与差不取决于模型的单个参数，而是模型参数组合（Beven 和 Binley，1992）。它首先定义似然测度，运用马尔可夫链蒙特卡罗（markov chain monte carlo，MCMC）法等搜寻方法获取参数分布，选取参数空间，通过从参数空间选取参数样本，运行模型，计算出参数集的似然度。然后依据似然值的大小排序，估算出一定置信水平的模型预报不确定性的时间序列（Gallart 等，2007；Brazier，2000）。GLUE 方法吸收了模糊不确定性分析方法的优点，但参数的先验分布和似然测度的确定具有主观性，可能对模型的参数识别和灵敏度分析结果产生一定的影响，使得该方法的应用受到限制。因而，GLUE 方法中的参数取样方法、参数先验分布、似然函数的选择等方面需要进行更深入的理论应用探索。

然而，GLUE 方法依赖于某些特定的假定，当被应用于大样本数据时并不清楚这些假定如何对不确定性估计产生影响（Montanari，2005）。Montanari 研究了长系列河道流量模拟中各种假定对不确定性分析的影响（Montanari，2005）。结果发现 GLUE 方法往往低估了水文模型模拟所产生的不确定性。

卫晓婧和熊立华认为 GLUE 方法推求参数后验分布的高概率区域是非连

续的，无法准确区分其可行参数组的概率分布的边界区域，他们采用 SCEM - UA（shuffled complex evolution metropolis algorithm）替代传统 GLUE 方法中的蒙特卡洛随机取样方法，并以预测区间的观测值覆盖率最合理、预测区间宽度最窄、区间对称性最优为标准选取可行参数组个数（卫晓婧与熊立华，2008）。实验结果表明改进后的 GLUE 方法能够推导出性质更为优良的不确定区间。此外，MCMC 的性能在很大程度上取决于其采样的算法，因此优化现有的采样算法或开发新的采样算法显得尤为重要。

四、贝叶斯估计方法

贝叶斯理论将模型参数的先验信息和后验信息联系起来，在一定程度上解决了"经验"定量化问题，使得模拟过程既能充分利用数据所隐含的信息，又能与实际的经验结合起来，减少了参数识别方法的预测风险。模型结构信息、数据信息和未知参数的先验分布信息之间有如下关系：

$$P(\theta \mid D) \propto P(\theta)l(\theta, D) \tag{2-2}$$

式中：θ 为模型参数；D 为数据；$P(\theta \mid D)$ 为参数的后验分布密度；$P(\theta)$ 为参数的先验分布密度；$l(\theta, D)$ 为在现有数据条件下参数的似然度。

水文模型中往往是连续随机变量，这给求后验分布密度带来了困难，可采用贝叶斯方法将连续随机变量离散化。贝叶斯离散方法模式简单，但由于参数产生是随机的，采样和计算十分复杂（王建平等，2006）。20 世纪 90 年代以来，研究者将马尔科夫链蒙特卡洛法引入到不确定性研究中，用于待估参数的贝叶斯分布采样，以估计参数的后验分布（Yang 等，2008）。陆乐等基于 MCMC 采样方法，耦合地下水数值模拟模型 MODFLOW，提出了贝叶斯方法用于水文地质参数识别（陆乐等，2008）。该研究通过两个实例考察了 MCMC 采样方法对参数后验分布的搜索功能和效率。结果表明，不论对于具有多个局部极小值的目标函数，还是对于比较复杂的地下水模型的参数识别，MCMC 方法均能有效搜索参数的后验分布。将 MCMC 方法引入到不确定性研究中用于待估参数后验分布的采样，结合贝叶斯统计方法用于待估参数的先验信息，能使收敛速度明显提高。

第三节　现行流域水文模拟不确定性分析方法

本节着重介绍了通用似然不确定估计法（GLUE）、基于 Copula - Glue 的水文模型参数不确定性估计法以及 SCEM - UA 算法等不确定性分析方法及其应用研究。

一、基于 GLUE 的水文模型参数不确定性估计方法

（一）GLUE 方法综述

"异参同效"（Equifility）现象，也就是不同组参数得到同样的模拟效果。产生这种现象的原因可能是：①流域水文过程太复杂，而流域水文模型只是对该过程的简化描述；②所采用的水文模型结构本身可能存在缺陷；③模型参数的冗余或相关性太强。"异参同效"现象的存在使得最终选定一组"最优"参数值时具有很大的不确定性。

为了充分把握和评价水文模型参数优化中的这种不确定性，必须比较全面地分析模型参数优化中的"异参同效"现象。1992 年 Beven 等提出利用 GLUE 方法来分析和评价模型参数优化中的"异参同效"现象（Freer 和 Beven，1996；Beven 和 Freer，2001；黄国如和解河海，2007；莫兴国和刘苏峡，2004）。

GLUE 方法中一个很重要的观点是：模型模拟结果的好坏并不是由模型中的某个参数所决定，而是由一组模型参数来决定。在预先设定的参数取值范围内，利用蒙特卡罗（Monte‒Carlo）随机采样方法获取模型的参数值组合，将该参数值代入模型中。选定似然目标函数，计算模型模拟结果与实测值之间的似然函数值，再计算这些函数值的权重，得到各参数组合的似然值。在所有的似然值中，设定一个临界值，这个临界值的选取带有一定的主观性。低于该临界值，表示这些参数组不能表征模型的功能特征；高于该临界值，则表示这些参数组能够表征模型的功能特征。将低于该临界值的参数组的似然值赋为零，而将高于该临界值的所有参数组的似然值重新归一化，按照似然值的大小，求出在某置信度下模型预报的不确定性范围（Freer 和 Beven，1996；Beven 和 Freer，2001；黄国如和解河海，2007；莫兴国和刘苏峡，2004；李胜和梁忠民，2006）。

（二）GLUE 方法的分析程序

GULE 方法承认在水文模型的参数率定中不同参数集的等效性或者接近等效性。它是在给定模型和给定不同的参数集的条件下做大量模型运行，而这些参数是从特定的参数集分布中随机选择出来的。在比较预测值和观测值的基础上，每一参数集计算出一个系统模拟的似然值。当考虑的参数集给出一个系统模拟，但它没有反映系统的特性时，似然值应设置为零。在此程序中参数间的任何相互作用不是问题，因为它将被隐式地反映在似然值中。

"似然"这个词主要是在模糊论、置信度、概率方法上考虑模型怎样服从系统的观测行为，而不是严格意义上的最大似然估计，因此这是在零均值正态分布误差下的特殊假定（束龙仓和朱元生，2000；Sivapalan 等，2003）。但是

水文模型研究的经验表明与最优参数有关的误差既不是零均值也不是正态分布的。

GLUE 程序的要求：①一个或者一套似然函数的形式定义；②参数的初始范围和分布的定义作为一个特殊模型结构加以考虑；③运用似然权重程序做模型参数的不确定性分析；④随着新数据的利用来更新似然权重；⑤评价参数的不确定性以及评价其他的指标。

1. 似然函数的定义与选择

似然度用来定义模拟结果和观测结果的吻合程度。和其他的率定程序一样，GLUE 方法要求定义拟合优度函数，似然函数就是用于衡量模型模拟值和观测值拟合优度的函数，这一函数必须有一些特殊的特征。对于那些不能被研究系统接受的所有模拟，函数值将被赋值为零，且函数值应该随着模拟的行为相似性增加而单调增加。这没有严格要求，可以通过采用过去所用的拟合优度而得到满足。一些常用的似然函数（Beven 和 Freer，2001）如下。

（1）基于 Nash 和 Sutcliffe 系数的确定性系数似然函数（Freer 等，1996）：

$$L_a(\theta|Y,Z) = \left(1 - \frac{\sigma_\epsilon^2}{\sigma_0^2}\right)^N, \sigma_\epsilon^2 < \sigma_0^2 \qquad (2-3)$$

式中：$L_a(\theta|Y,Z)$ 为确定性系数；θ 为模型参数组；Y、Z 分别为模型预测值和实际观测值；σ_ϵ^2 为残留变量方差；σ_0^2 为实测变量方差；N 为自然数，是用户选择的参数（调节参数）。

（2）基于残差的平方和的似然函数（Beven 和 Binley，1992）：

$$L_b(\theta|Y,Z) = (\sigma_\epsilon^2)^{-N} \qquad (2-4)$$

式中：N 为用户选择的参数；σ_ϵ^2 为残差平方和（即模拟值与实测值差值的平方和）。

（3）基于残差平方和的指数函数（Freer 等，1996）：

$$L_c(\theta|Y,Z) = \exp(-N\sigma_\epsilon^2) = e^{-N\sigma_\epsilon^2} \qquad (2-5)$$

式中：N 为用户选择的参数；σ_ϵ^2 为残差平方和。

2. 参数的先验分布

选定合适的似然函数后，GLUE 程序的下一步是给出合适的参数初始或者参数先验分布的定义。参数的先验分布要有充分的宽度以保证模型的模拟能覆盖观测范围。即使给定一些物理的观点和原因，对先验分布的评价也是不容易的。因此，要坚持先验分布的普遍性最方便的办法就是给它一个合理的假设，而一般的做法是假定参数是局部均匀先验分布。

3. 不确定性评价

应用似然函数定义、输入数据和模型结构，且把似然值分布作为预测变量

的概率权重函数，就可以做与预测有关的不确定性评价。在特定的时间段，由
每一次模型运行得到的预测流量可以按大小排序，与每次模型运行得到的似然
权重相乘，可以计算预测流量的分布函数等。

（1）似然函数权重是通过取大于预值的似然值进行归一化处理后计算得到
的，归一化常采用线性函数转化，公式如下：

$$P(L_i) = \frac{L_i - L_{\min}}{L_{\max} - L_{\min}} \qquad (2-6)$$

式中：L_i、$P(L_i)$ 分别为转换前、后的值；$L_{\max}$、$L_{\min}$ 分别为筛选后样本的最大
值和最小值。

（2）加权参数组的似然判据值，并根据权重系数确定参数在其分布空间的
概率密度，权重系数大的参数组贡献应该更大一些。然后依据似然值的大小排
序，估算出一定置信水平的模型预报不确定性的时间序列，公式如下（Beven
和 Freer，2001）：

$$P(\hat{Z}_t < Z) = \sum_{i=a}^{B} L[M(q_i \mid \hat{Z}_{t,i} < Z)] \qquad (2-7)$$

式中：$\hat{Z}_{t,i}$ 为变量 Z 在时间步长 t 由模型 $M(\theta_i)$ 的模拟值；B 为最后样本的个
数；在此研究中采用累计似然分布的 5% 和 95% 评价作为预测不确定性的
界限。

4. 似然权重的更新

GLUE 程序的一个特点是程序运行中当不同类型的观测变量能够给出不
同的权重时，这一程序必须标准化。有新数据加入计算时，可通过贝叶斯
（Bayes）方程（Beven 和 Freer，2001）计算来更新加权后的似然值。

$$L[M(\theta_i)] = L_0[M(\theta_i)]L_T[M(\theta_i \mid Y)]/C \qquad (2-8)$$

式中：$L[M(\theta_i)]$ 为参数集的后验似然分布；$L_0[M(\theta_i)]$ 为参数集的先验似然分
布；$L_T[M(\theta_i \mid Y)]$ 为给定一套新的观测变量 y 的数集计算的似然函数（即观测
变量）；Y 为预报应变量；θ_i 为参数值组；C 为归一化加权因子。

5. 预测区间性质估计

预测区间的性质估计有预测区间观测值覆盖率、预测区间宽度、区间对称
性等。

（1）覆盖率 CR 及区间宽度 IW 计算公式如下（Xiong 和 O'Connor，2008）：

$$CR = \frac{\sum_{t=1}^{N} J[Q_{\text{obs},t}]}{N} \qquad (2-9)$$

$$IW = \frac{\sum_{t=1}^{N} (Q_{\text{up},t} - Q_{\text{low},t})}{N} \qquad (2-10)$$

$$J\left[Q_{\mathrm{obs},t}\right] = \begin{cases} 1, Q_{\mathrm{low},t} < Q_{\mathrm{obs},t} < Q_{\mathrm{up},t} \\ 0, 其他 \end{cases} \tag{2-11}$$

式中：N 为实测系列长度；$Q_{\mathrm{obs},t}$ 为时段 t 的实测径流量；$Q_{\mathrm{low},t}$ 为时段 t 的预测区间下界；$Q_{\mathrm{up},t}$ 为时段 t 的预测区间上界。

（2）反映预测区间偏移程度的预测区间对称性 IS 计算公式如下（卫晓婧和熊立华，2008）：

$$IS = \frac{\sum_{t=1}^{n} I\left[Q_{\mathrm{up},t}\right]}{\sum_{t=1}^{n} I\left[Q_{\mathrm{low},t}\right]} \tag{2-12}$$

$$I\left[Q_{\mathrm{up},t}\right] = \begin{cases} 1, Q_{\mathrm{obs},t} > Q_{\mathrm{up},t} \\ 0, 其他 \end{cases}, \quad I\left[Q_{\mathrm{low},t}\right] = \begin{cases} 1, Q_{\mathrm{obs},t} < Q_{\mathrm{low},t} \\ 0, 其他 \end{cases} \tag{2-13}$$

由式（2-12）可以看出：当 $IS=1$ 时，区间对称；当 $0 \leqslant IS < 1$ 时，区间较实际观测值偏高；当 $IS > 1$ 时，区间偏低。就理论分析而言，预测区间对称性越高（$IS \to 1$），则其区间性质越优，能够更好地覆盖观测值。

二、基于 CGLUE 的水文模型参数不确定性估计方法及其应用

参数空间分布的复杂性与相关性正是参数不确定性存在的主要原因之一，因此本研究进一步利用现行的 Copula 函数来描述模型参数之间的相关性，提出基于 CGLUE 的水文模型参数不确定性估计方法。当模型参数间存在着相关性的时候，本研究用联合分布代替单独的参数的分布，能够很好地考虑参数之间的相关性，从而避免传统方法可能过低估计模型参数引起的不确定性问题，同时可以在一定程度上提高蒙特卡罗取样的搜索效率。

水文过程受到来自上层因素气候（如大气环流）、天气情况（如降水、气温、风速等）等的影响，同时也受到下层地理位置、地形、地质条件、植被、土壤等的影响。所有这些因素不断变化、相互作用、相互影响，使得水文过程的内在规律非常复杂。叶守泽和夏军在回顾了 20 世纪水文科学的研究进展后指出，水文复杂性和不确定性是水文科学研究最为重要和棘手的两个方面，特别是在全球水文及气候变化中，水文不确定性成为水文科学发展中一个新的前沿课题（叶守泽和夏军，2002）。随着水文模型在水资源规划与管理中不断深入和广泛地应用，模型结构复杂性急剧增长，模型参数在高维空间表现出了复杂的相关性结构和低灵敏度特征，传统参数识别中仅局限于参数优化算法效率和精度等方面的研究已经不能满足理论与实践的需要（Beck，1987）。由于缺乏深入研究结构不确定性的理论基础和有效技术手段，模型结构往往只能通过识别参数后验分布统计规律间接地得到验证，因而参数不确定性分析研究就显

得格外重要。

（一）现有的参数不确定性研究

传统的参数识别主要基于优化思想的参数识别思路，而这些自动优选方法通常受数据和算法以及人们主观因素的影响很大。与此同时，水文模型中可能出现参数冗余，参数之间存在较强的相关性等问题，使得在单目标或是多目标情况下所率定的参数集并不唯一，也使得参数的"同效现象"十分普遍（Beven 和 Binley，1992）。针对传统参数识别的缺陷，基于不确定分析的参数识别应运而生。Tiwari 最早将贝叶斯理论用于生态模型的参数识别（Tiwari 等，1978）。初始的不确定性分析更多的是对模型参数的敏感性进行分析，比如 Horberger 和 Spear 的 RSA（regionalized sensitivity analysis）方法，Chio 等提出的多参数敏感性分析方法等（Hornberger 和 Spear，1981）。然而这些研究只考虑了参数的敏感性，没有估计概率分布（Choi，1999）。20 世纪 90 年代，研究人员将马尔科夫链蒙特卡罗法引入到参数的不确定性研究中，用于待估参数的贝叶斯分布采样，以估计参数的后验分布（Marshall，2004）。MCMC 取样方法包括 Metropolis - Hastings 算法、自适应 Metropolis 算法等。MCMC 方法从参数的后验分布提取样本，提供了比单点估计更多的信息，而且避免了用一个正态近似后验分布用于推断的必要。

对于参数的不确定性估计方法，其中最著名的方法当属由 Beven 和 Binley 在 1992 年提出的 GLUE（general likelihood uncertainty estimation）方法。GLUE 方法是基于 Horberger 和 Spear 的 RSA 方法发展起来的。该方法易于理解，可以用于各种程度的复杂性和非线性的模型中，是目前水文模拟、水质模拟中主要的不确定性估计方法之一（Beven 和 Binley，1992；Freer 等，1996；Beven 和 Freer，2001）。然而，这些方法大多数假定模型参数之间是相互独立的，事实上参数空间分布的复杂性与相关性正是参数不确定性存在的主要原因之一。因此，本研究旨在利用现行的 Copula 函数来描述模型参数之间的相关性，结合 GLUE 方法进一步探讨水文模型参数的不确定性问题。

（二）研究方法介绍

1. Copula 函数

Copula 函数理论自 1959 年提出后，经过 40 多年的发展，已成为构建多元联合分布的一种重要方法，且边缘分布不局限于正态分布和极值分布，因此更适合于构建边缘分布为 P Ⅲ 型分布的联合分布（Nelson，1999）。近年来，尝试采用 Copula 函数描述洪峰、洪量、降雨强度和降雨历时等水文变量的研究越来越多，且已经初具理论和应用基础（肖义等，2007；Salvadori 和 De Michlele，2004）。Gumbel - Hougaard Copula 是一种常见的 Copula 函数，与

Gumbel 逻辑模型具有完全相同的结构，比较适合用来描述水文极值变量（Nelson，1999；熊立华等，2005）。本研究采用 Gumbel - Hougaard Copula 来描述模型参数之间的相关性结构，其数学表达式为（Nelson，1999；肖义等，2007；Salvadori 和 De Michlele，2004）：

$$C(u,v) = \exp\{-[(-\ln u)^\theta + (-\ln v)^\theta]^{1/\theta}\}，\theta \geqslant 1 \qquad (2-14)$$

式中：θ 为 Copula 函数的参数。

θ 越大，相关性越强，当 $\theta = 1$ 时，变量独立，$C(u,v) = uv$。

其中，相关系数采用 Kendall 相关系数，计算方法如下：

令 $\{(x_1,y_1),(x_2,y_2),\cdots,(x_n,y_n)\}$ 表示从连续随机变量 (X,Y) 中抽取的 n 个观测值的随机样本，则在样本中有 $n(n-1)/2$ 种不同观测值的组合 (x_i,y_i) 和 (x_j,y_j)。令 c 表示一致性的对数，d 表示不一致性的对数，则可计算 Kendall 相关系数：

$$\tau = (c-d)/[n(n-1)/2] \qquad (2-15)$$

式中：τ 等价于样本观测值 (x_i,y_i) 和 (x_j,y_j) 的一致的概率减去不一致的概率，该式即为根据样本计算 Kendall 秩相关系数的方法。

那么，Copula 函数的参数 θ 与 Kendall 相关系数 τ 存在如下关系：

$$\theta = 1/(1-\tau) \qquad (2-16)$$

2. 基于 CGLUE 的不确定性估计方法

本研究给出了基于 CGLUE 的水文模型参数不确定性估计方法（图 2-2）。具体步骤如下。

（1）首先采用传统的 GLUE 方法获得高于似然度阈值的所有参数组合，利用前面介绍的方法计算模型参数间的 Kendall 相关系数，根据参数的物理意义和联系，确定相关的模型参数及其相关性，并由公式（2-16）计算 Copula 函数的参数 θ。

（2）在预先设定的参数分布的取值范围内，利用蒙特卡罗方法进行模型参数的采样，其中相关的参数组的另一者直接由 Copula 函数生成。

（3）根据获得的模型参数组合样本进行模拟，选择合适的似然函数，计算各参数组合所对应的似然值。

（4）设定一个阈值，选择高于临界值的所有参数组合，按照似然值的大小，得到一定置信水平的模型预报的不确定性区间。

（5）当有新的数据时，利用贝叶斯函数更新加权后的似然值。

3. TOPMODEL 模型原理

流域水文过程是一种动态的、非均匀的复杂现象。水文模型所描述的水文过程常常是经过一系列简化得到的。TOPMODEL（topography based hydrological model）作为一个以地形为基础的半分布式流域水文模型，自 Beven 和

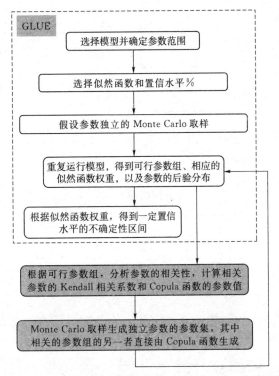

图 2-2 CGLUE 的水文模型参数不确定性估计方法流程图

Kirkby 于 1979 年提出以来，已在水文领域获得了广泛的应用（Nelson，1999；肖义等，2007）。该模型结构简单，优选参数相对较少，物理概念明确，在集总式和分布式流域水文模型之间起到了一个承上启下的作用，模型原理如图2-3所示。

在 TOPMODEL 模型中，降水满足冠层截留、填洼和植物截留以后，下渗进入土壤非饱和层。由于垂直排水及流域内的侧向水分运动，一部分面积地下水位抬升至地表面成为饱和面。产流发生在这种饱和地表面积或者叫做源面积上。TOPMODEL 模型主要通过流域含水量（或缺水量）来确定源面积的大小。而含水量的大小可由地形指数计算。地形指数即 $\ln(\alpha/\tan\beta)$，其中 α 为单宽集水面积，$\tan\beta$ 为地表坡度。该指数主要用于代表流域上每点长期的土壤水分状况，或者说流域蓄满产流面积占流域面积的百分比。地形指数的重要意义在于它能为蓄满产流机制提出一个较合理的物理解释和数学描述，对研究流域地貌对降雨-径流关系的影响非常有用。它是一个能反映流域中水量空间分布规律的非常有用的流域地貌指数。

模型的基本方程如下。

（1）蒸发：在流域内的任何一点处 i 实际蒸发量 $E_{a,i}$ 发生在植被根系区，

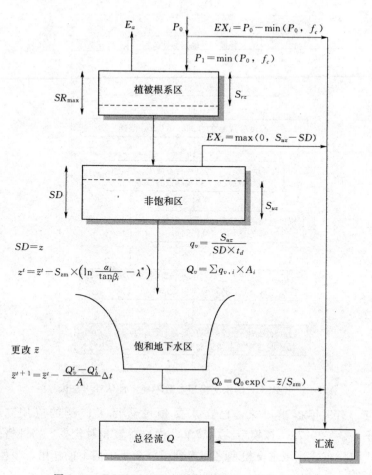

图 2-3　TOPMODEL 的计算流程图（蒋燕，2008）

由式（2-17）计算得到：

$$E_{a,i} = E_p \left(1 - \frac{S_{rz,i}}{SR_{\max}} \right) \qquad (2-17)$$

式中：E_p 为蒸发能力；$S_{rz,i}$ 为点 i 处植被根系区的缺水量；$SR_{\max}$ 为根带最大蓄水能力，是 TOPMODEL 模型的参数。

（2）非饱和区水流下渗速率：土壤非饱和区中的水分以一定速率垂直进入饱和地下水带，下渗速率 $q_{v,i}$ 为

$$q_{v,i} = \frac{S_{uz,i}}{SD_i T_d} \qquad (2-18)$$

式中：$S_{uz,i}$ 为点 i 处的非饱和区土壤含水量；SD_i 为非饱和区土壤的蓄水能力，通常等同于地下水表面距流域地表深度 Z_i；T_d 为时间滞时参数。

在计算整个流域的总下渗速率 Q_v 时，通常采用加权平均法，即

$$Q_v = \sum_i q_{v,i} A_i \qquad (2-19)$$

式中：A_i 为位置不同但地形指数相等的各处地表的面积之和，根据地形指数在全流域的分布来确定。

（3）饱和地下水深度：某一点饱和地下水表面距流域地表的深度 Z_i 是 TOPMODEL 模型的重点，采用 3 个假设条件：

1）该水层中的壤中流始终处于稳定状态，即任何地方的单位过水宽度的壤中流速率 q_i 等于上游来水量，即

$$q_i = R\alpha_i \qquad (2-20)$$

式中：R 为流域产流速率，假定在全流域均匀分布；α_i 为单宽积水面积。

2）饱和地下水的水力坡度 dH/dl 由地表局部坡度 $\tan\beta$ 来近似。根据达西定律，壤中流单宽流量 q_i 又可表示为

$$q_i = T_i \tan\beta \qquad (2-21)$$

式中：T_i 为点 i 处的土壤导水率。

3）土壤导水率 T_i 是缺水深 Z_i 的负指数函数，即

$$T_i = T_0 \exp\left(-\frac{Z_i}{S_{zm}}\right) \qquad (2-22)$$

式中：T_i 为饱和导水率；S_{zm} 为非饱和区最大蓄（缺）水深度。

最终可得

$$Z_i = \bar{Z} - S_{zm}\left[\ln\left(\frac{\alpha_i}{\tan\beta_i}\right) - \lambda^*\right] \qquad (2-23)$$

$$\lambda^* = \frac{1}{A}\int_A \ln\left(\frac{\alpha_i}{\tan\beta_i}\right) dA \qquad (2-24)$$

式中：A 为流域面积；T_0 为饱和导水率；$\bar{Z}$ 为整个流域的平均地表水面深度。

从式（2-23）可看出，某点的地下水表面距流域地表深度 Z_i 由该处的地形指数 $\ln(\alpha_i/\tan\beta_i)$ 来控制，流域内 $\ln(\alpha_i/\tan\beta_i)$ 值相等的任何两点具有水文相似性。因此，流域空间点的具体位置不再重要，最重要的是该点的地形指数。故此 TOPMODEL 模型也被称为基于地形的流域水文模型。

饱和坡面流 Q_s 为

$$Q_s = \frac{1}{\Delta t}\sum_i \max\{[S_{uz,i} - \max(Z_i,0)],0\}A_i \qquad (2-25)$$

式中：Δt 为时间步长。

（4）壤中流：壤中流从河流两侧汇入河流，计算公式为

$$Q_b = Q_0 \exp\left(-\frac{\bar{Z}}{m}\right) \qquad (2-26)$$

式中：Q_b 为壤中流；Q_0 为初始流量，$Q_0 = AT_0\exp(-\lambda^*)$；$m$ 为土壤下渗率呈

指数衰减的速率。

在 TOPMODEL 中，采用不同的算法就会有不同的参数系列。上述算法中除地形指数以外，模型参数最主要的水文参数有 4 个：S_{zm} 为非饱和区最大蓄（缺）水深度（m）；$\ln T_0$ 为土壤刚达到饱和时有效下渗率的自然对数的流域均值（m^2/h）；T_d 为重力排水的时间滞时参数；SR_{max} 为田间持水量的通量，根带最大蓄水能力（m）。而初始壤中流 Q_b 和根带土壤饱和缺水量的初值 SR_0 可由经验方法确定。

（三）应用实例和分析

1. 选择的流域

本研究选取汉江上游的汉中流域为研究区域，该区域面积 9329km^2，流域位置在北纬 $32°35'\sim34°10'$ 和东经 $106°10'\sim107°30'$。流域内有 50 个雨量站，3 个蒸发站（铁锁关、武侯镇和红庙塘），和 7 个水文站（茶店子、铁锁关、武侯镇、元墩、江口、马道和汉中），如图 2-4 所示。汉江上游的暴雨具有量大、分配集中和笼罩面积广等特点，其洪水主要由暴雨形成，由于流域内山高坡陡，洪水汇流速度快，具有猛涨猛落、峰型尖瘦的特点。

图 2-4　生成的汉中流域河网水系图

现有的提取数字河网的软件应用最广泛的方法仍然是 1992 年由 Martz 和 Garbrecht 提出的提取流域特征的 TOPAZ（topographic parameterization）方法，栅格 DEM 数据采用美国 GTOPO30 数据库提供的空间分辨率为 $30''$ 的基础高程数据，根据汉中流域的经纬度坐标，利用 ERDAS 软件切出汉中流域所在区域的 DEM，设置临界集水面积 CSA 为 40km²、最小集水河道长度 MSCL为 6000m，采用 TOPAZ 软件自动生成流域水系、河网、子流域及其拓扑关系，同时确定相关的地形水文特征如面积、河长、坡度等信息（Martz 和 Garbrecht，1992；林凯荣，2007）。

2. 选择的模型

本研究选择的 TOPMODEL 流域水文模型，主要通过流域含水量（或缺水量）来确定源面积的大小，而含水量的大小可由地形指数计算，因此 TOP-MODEL 被称为以地形为基础的流域水文模型。图 2-5 显示了采用多流向法计算的该流域地形指数分布曲线。

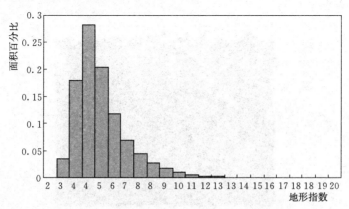

图 2-5　计算的地形指数分布曲线

3. 方法的应用

（1）似然函数的选择。似然函数用于判别模拟结果与实测结果的吻合程度。从理论上讲，当模拟结果与所研究的系统不相似时，似然函数值应为零；而当模拟结果相似性增加时，似然函数值应单调上升。似然函数的选择有很多，不过大多数是以均方误差 σ_ϵ 为主，其表达式见式（2-27）。Beven 和Binely 采用 $(\sigma_\epsilon^2)^{-N}$ 为似然函数（Beven 和 Binely，1992），而 Freer 等则选择Nash-Sutcliffe 确定性系数和 $\exp(-N\sigma_\epsilon^2)$ 作为似然函数（Freer 等，1996），其中 N 为一调节参数。最常用的似然函数为 Nash-Sutcliffe 确定性系数，其计算公式见式（2-28）：

$$\sigma_\epsilon = \sqrt{\left[\frac{1}{n}\sum_{i=1}^{n}(Q_i - \hat{Q}_i)^2\right]} \qquad (2-27)$$

$$L = \left[1 - \frac{\sum_{i=1}^{n}(Q_i - \hat{Q}_i)^2}{\sum_{i=1}^{n}(Q_i - \bar{Q})^2}\right]^N \qquad (2-28)$$

式中：Q_i 为流量实测值；$\hat{Q}_i$ 为流量模拟值；$\bar{Q}$ 为实测流量的平均值；n 为序列的长度。

这里也采用 Nash-Sutcliffe 确定性系数作为似然函数，关于调节参数 N 的取值，一般默认为 1。事实上，随着 N 值的增大，似乎能够达到优化的效果。例如，图 2-6 和图 2-7 分别显示的是 $N=1$ 和 $N=30$ 的不确定性分析结果。从图 2-7 上看，似乎 N 值越大，不确定性越小。其实不然，Beven 和 Freer 也认为 N 值增大时，只是从数值上处理的结果，然而，模型的不确定性仍然存在，这并不能减少模型的不确定性，反而可能减少了有效的参数组；从而可能过低估计模型参数的不确定性（Beven 和 Freer，2001）。因此，本研究中的 N 取为 1。

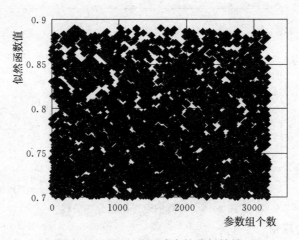

图 2-6　$N=1$ 的不确定性分析结果

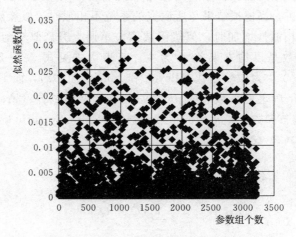

图 2-7　$N=30$ 的不确定性分析结果

（2）模型参数的范围。本研究选取 TOPMODEL 模型中的 4 个主要参数 S_{zm}、T_0、T_d 和 SR_{max} 进行研究。其中 S_{zm} 表示非饱和区最大蓄水深度；T_0 是饱和导水率；T_d 是时间参数；SR_{max} 则是根系区最大容水量。假设参数服从均匀分布，其取值范围见表 2-1。

表 2-1　　　　　　　　　　　　模型参数的取值范围

参数	单位	最小值	最大值	平均值
S_{zm}	m	0.01	1	0.5
T_0	m²/h	0.01	3	1.5
T_d	h	1	100	50
SR_{max}	m	0.01	0.5	0.25

（3）参数的相关性。TOPMODEL 主要引入 3 个假设：其中第 3 个假设为导水率是饱和地下水水面深度的负指数函数，即式（2-22）。

由前面分析可知，参数空间分布的复杂性与相关性正是参数不确定性存在的主要原因之一。根据 TOPMODEL 的假设，我们认为参数 S_{zm} 和 T_0 之间可能存在相关性。因此，首先采用传统的 GLUE 方法获得高于似然函数阈值（取 Nash-Sutcliffe 确定性系数 0.7 为阈值）的所有参数组合，进行参数之间的相关性分析，发现参数 S_{zm} 和 T_0 之间确实存在着相关性，如图 2-8 所示。利用前面介绍的方法，计算得它们之间的 Kendall 相关系数 τ 为 0.55。

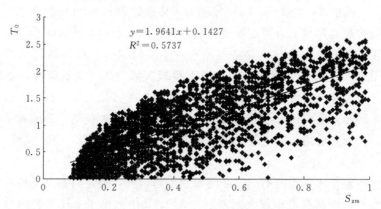

$$y=1.9641x+0.1427$$
$$R^2=0.5737$$

图 2-8　选取的参数组中参数 S_{zm} 和 T_0 的散点图

（4）不确定性计算。首先由式（2-27）计算得 Copula 函数的参数 θ 为 2.22；在预先设定的参数分布的取值范围内，利用蒙特卡罗方法进行模型参数的采样；其中相关的参数组的另一者 T_0 直接由 Copula 函数生成；根据获得的模型参数组合样本进行模拟，选择 Nash-Sutcliffe 确定性系数作为似然函数；设定阈值为 0.7，选择高于临界值的所有参数组合，按照似然值的大小，得到一定置信水平（取 95%）的模型预报的不确定性区间。图 2-9 显示的是计算得到的 1981 年 6 月 14 日至 11 月 2 日 95% 置信水平的模型预报的不确定性区间。

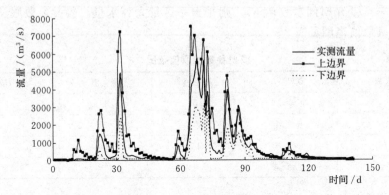

图 2-9　95% 置信水平的模型预报的不确定性区间（1981 年 6 月 14 日至 11 月 2 日）

（四）结果分析

为了对不确定性模拟的结果进行进一步分析，本研究选取采样次数为 10000、50000 和 100000，阈值为 0.5、0.6 和 0.7 的 6 种组合，分别采用传统方法和本研究方法进行了模型参数的不确定性模拟。图 2-10 显示的是在 95% 置信水平下传统方法和本研究方法模拟的边界流量相关图。图中 2-10（a）、（b）分别为采样次数为 10000 阈值为 0.7 的两种方法模拟的上边界和下边界流量相关图；图中 2-10（c）、（d）分别为采样次数为 100000 阈值为 0.7 的两种方法模拟的上边界和下边界流量相关图。从模拟的不确定区间来看，不管是本研究方法还是传统方法，或者是上述 6 种不同的组合，得到的结果差别都不大。从图 2-10（b）中可以看出，对于模拟次数为 10000 的情况，本研究方法得到的下边界流量值会比传统方法的小一些，尤其是流量比较大的时候，这就说明本研究方法得到的不确定性区间比传统方法的大一些。而随着采样次数的增加，两种方法得到的边界流量基本上是一致的，如图 2-10（c）、（d）中所示。

虽然两种方法得到的不确定区间差别不是很大，但是两者对于模型参数的不确定性的估计却有着比较大的差别。表 2-2 中列出了上述 6 种组合下采用传统方法和本研究方法得到的所有有效参数组合个数。从表 2-2 中可以看出，阈值越大，得到的有效参数组合个数越少；采样次数越大，得到的参数组合个数越多。因此，为了更加全面地估计参数的不确定性，就需要增加采样的次数。然而对于具有多个参数的模型结构，参数的组合方式非常多，常常需要几万或几十万，甚至上百万次的参数取样，因此 Monte Carlo 方法需要消耗大量的计算资源。有时模拟的洪水过程很长，如果取样很大，程序运行所需要的时

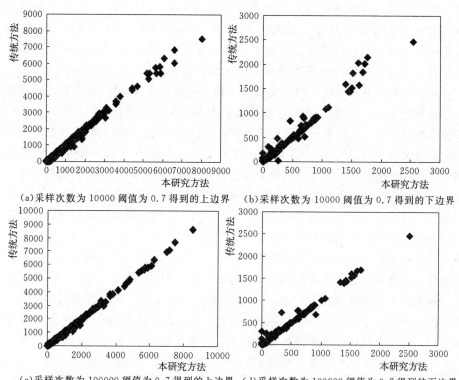

(a)采样次数为 10000 阈值为 0.7 得到的上边界 　(b)采样次数为 10000 阈值为 0.7 得到的下边界

(c)采样次数为 100000 阈值为 0.7 得到的上边界 　(d)采样次数为 100000 阈值为 0.7 得到的下边界

图 2-10　95％置信水平下传统方法和本研究方法模拟的边界流量相关图

间将会很长。尤其当参数间具有相关性的时候，如果参数的样本不能足够大的话，假设参数独立的采样方式就有可能不能够包含所有有效的参数组合。这样就有可能过低估计模型参数的不确定性。从表 2-2 中还可以看出，当模型参数间具有相关性的时候，本研究方法能够很好地考虑参数间的相关性，在同样的采样次数下生成更多有效的参数组合，从而更加全面地估计参数的不确定性。因此，这时采用本研究方法进行模型参数的不确定性分析就能够在一定程度上避免传统方法的缺憾，取得较好的效果。

表 2-2　　　　　　　　　　　有效的所有参数组合个数

阈值 \ 采样次数	10000		50000		100000	
	传统方法	本研究方法	传统方法	本研究方法	传统方法	本研究方法
0.5	918	1393	4497	6995	9043	14018
0.6	537	803	2584	3945	5215	7865
0.7	278	420	1384	2055	2796	4125

　　另外，通过对比模拟值和实测值，可以看出模拟得到的流量过程线的上、

下边界并不能完全包含实测流量过程线，总有一些实测流量落在95％的置信区间之外，如图2-9所示。这说明 TOPMODEL 模型并不能完全模拟出该流域的流量过程，很多研究也已经表明，这是模型结构等其他的不确定性因素所引起的，至于影响的程度需要进一步深入的研究（黄国如和解河海，2007）。

水文模型的基础是确定的水文规律（物理规律、统计规律），没有确定性的机理研究作基础，不确定性的研究只能是无本之木（尹雄锐等，2005）。因此，减少预测中的不确定性是我们研究不确定性的目的。数据问题是阻碍水文科学发展的最重大的"瓶颈"，也是不确定问题产生的主要原因。充分利用已有数据，同时引入新数据信息，从而降低模型参数的"异参同效"性，以便得到更具唯一性的参数组。然而，为研究更加复杂的环境问题，水文模型结构变得日益复杂，由此产生的不确定性也会随之增多。虽然遥感技术、雷达技术以及同位素示踪技术等逐渐被引入到水文模拟中，为水文研究提供了更多的信息，并在一定程度上减少了不确定性，但是水文循环的复杂非线性特征使得模型的结构和参数都不可避免存在不确定性，所以我们必须认真考虑这种不确定性。

现有的不确定性方法有很多，但这些方法大多数假定模型参数之间是相互独立的，事实上参数空间分布的复杂性与相关性正是参数不确定性存在的主要原因之一，对于参数比较多的模型更是如此。本研究利用 Copula 函数来描述模型参数之间的相关性，提出基于 CGLUE 的水文模型参数不确定性估计方法。当模型参数间存在着相关性的时候，本研究方法用联合分布代替单独的参数的分布，能够很好地考虑参数之间的相关性，可以避免传统方法可能过低估计模型参数引起的不确定性，同时可以在一定程度上提高蒙特卡罗取样的搜索效率。但是对于复杂环境系统下的水文模拟和预测而言，造成不确定性的因素有很多，本研究的研究也只是其中的一个方面，今后仍需要进一步深入的研究。

三、SCEMUA 算法在水文模型参数不确定性估计中的应用

径流不确定性预报需要由两部分组成——流域水文模型与不确定性分析方法。采用不确定性分析方法对水文模型进行不确定性评估并将结果应用到水文模拟中，借此得到可靠的流量过程。本研究选择 SCEM-UA 算法对 HYMOD 模型进行不确定性分析。

（一）HYMOD 模型

HYMOD 模型是国外学者于20世纪80年代中期提出的集总式水文模型（潘理中和芮孝芳，1999）。流域被视为无数个相互独立的点的集合，这是 HYMOD 模型区别于一般集总式水文模型之处。模型采用了蓄满产流的概念，模型结构较为简单，产流过程如图2-11所示。流域经历一场降水后，超渗部分通过3个高流速水箱基于参数 R_q 产流；其余超过 c_{max} 的水量分为两部分，一

部分以 α 为分配因子同样进入高流速水箱进行产流，剩余部分则进入一个低流速水箱基于参数 R_s 产流。以上产流之和便是流域总产流量 Q。

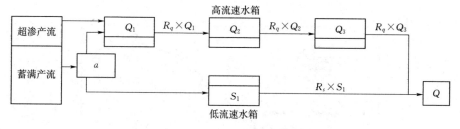

图 2-11　HYMOD 模型产流结构示意图

HYMOD 模型共有 5 个参数，具体物理意义见表 2-3。

表 2-3　　　　　　　　　　HYMOD 模型参数及物理意义

序号	参数	取值范围	物理意义
1	$c_{\max}/\mathrm{mm}$	$1\sim500$	流域内蓄水能力最大值
2	$b_{\exp}$	$0.1\sim2$	蓄水能力空间变化指数
3	α	$0.1\sim0.99$	高流速水箱分配出水因子
4	R_s	$0\sim0.1$	低流速水箱的出流衰减因子
5	R_q	$0.1\sim0.99$	高流速水箱的出流衰减因子

（二）研究区概况及数据

枫树坝水库位于珠江流域三大支流之一的东江干流上游，经纬度坐标为：$24°24'43''\mathrm{N}$，$115°21'38''\mathrm{E}$，按行政区划属广东省龙川县枫树坝镇。东江流域位于珠江三角洲的东北端，南临南海并毗邻香港，西南部紧靠华南最大的经济中心广州市，西北部和粤北山区韶关和清远两市相接，东部与粤西梅汕地区为邻，北部与赣南地区的安远市相接，地区范围在北纬 $22°38'\sim25°14'$，东经 $113°52'\sim115°52'$。流域南北距离为 274.3km，东西距离为 203.83km。东江干流全长 562km，流域总面积 35340km²。流域内多年平均雨量为 $1500\sim2400$mm，1956—2000 年多年平均值为 1795mm，变差系数 0.22 左右，降雨的面上分布一般是中下游比上游多，西南多，东北少，由南向北递减。流域多年平均气温为 $20\sim22$℃，年气温变化不大；无霜期长，南北部分别达到 350d 和 275d；多年平均日照时间在 $1680\sim1950$h 之间；多年平均水面蒸发量为 $1000\sim1400$mm，1956—2000 年多年平均为 1100mm，区域分布西南多，东北少。枫树坝水库坝址以上集水面积为 5150km²，流域内有 3 个水文测站、23 个雨量站和 2 个蒸发站。流域内有东、西两源——寻乌水与贝岭水，坝址位于两支流汇合口以下约 13km 处。地势东北高西南低，以山区为主，沿河谷为盆地（李杰友和王佩兰，1996；张瑞勋等，2008）。东江流域示意图见图 2-12。

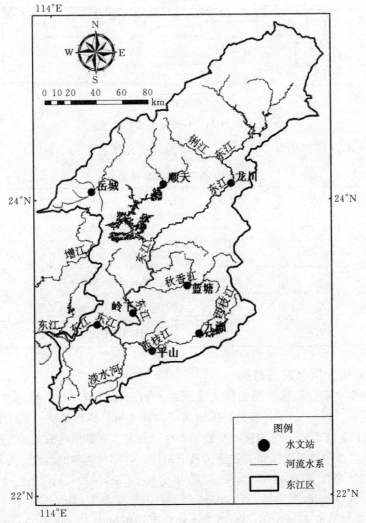

图 2-12　东江流域示意图

　　本研究选取枫树坝水库控制流域 1977—1981 年日蒸发、降水、径流等相关水文资料进行计算，其中，1977—1979 年为率定期，1980 年和 1981 年为检验期，采用 HYMOD 模型对流域进行水文过程模拟。枫树坝水库控制流域示意图见图 2-13。

（三）不确定性分析方法——SCEM-UA 算法

　　SCEM-UA 算法自诞生以来，已被应用于模型参数不确定性分析的各个

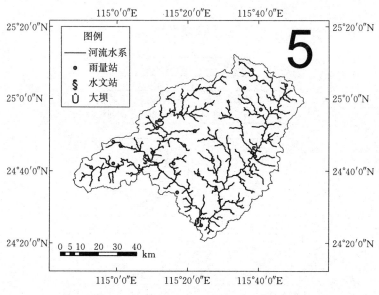

图 2-13　枫树坝水库控制流域示意图

领域，取得了不错的效果。SCEM-UA 算法是 2003 年由 Vrugt 等提出的一种对 SCE-UA 的改进算法，在 SCE-UA 基础上采用了基于马尔科夫链蒙特卡罗（MCMC）理论的 Metropolis-Hastings（M-H）算法，使得在计算过程中，算法能够根据新样本的推荐分布不断更新，以获取参数的后验概率分布，解决了 SCE-UA 算法常因初始点集选取不当而陷入局部最优解的问题（王书功，2010；宋晓猛等，2014；Vrugt 等，2003；顾超和谭畅，2014；曹飞凤等，2011）。算法的步骤如下：

（1）初始化，假定 n 维参数优化问题，选择参与进化的复合形个数 p 以及每个复合形所包含的顶点数 m（通常 $m \geqslant n+1$），计算样本点个数 s（$s=pm$）；

（2）产生样本点，在可行域随机生成 s 个样本点，分别记作 x_1，x_2，…，x_s，然后计算各样本点的函数值 $f_i = f(x_i)$，$i=1$，2，…，s；

（3）排列样本，根据目标函数值 f_i 将 s 个样本点（x_i，f_i）进行升序排列并存储在缓冲区 D 内；

（4）划分复合型群体，将 s 个样本点分成 p 个复合形，分别记作 A_1，A_2，…，A_p，使得每个复合型包含 m 个样本点，第 p 个复合型包含的样本点序号为 $(k+1)p+p$，$k=1$，2，…，m；

（5）复合型进化，根据 SCEM-UA 算法对每一个复合形进行演化，SCEM-UA 算法流程见图 2-14；

（6）对复合型内样本进行洗牌操作，将所有复合型内的粒子放回到 D 内，计算出新的目标函数值后重新排序；

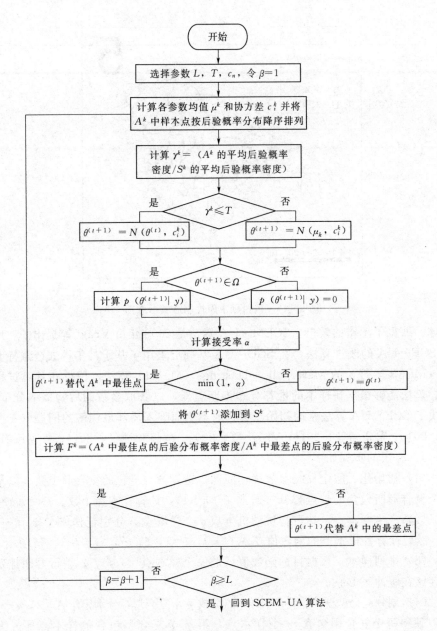

图 2-14 SCEM-UA 算法流程

（7）收敛性判断，若满足收敛条件则终止，否则返回步骤（4）。本研究所选择的收敛条件是 Gelman-rubin 定量收敛判断指标 $\sqrt{SR}$，在计算时需要所有参数对应的 $\sqrt{SR}$ 都接近 1.1 时才会认为收敛。

（四）预报成果评价指标

在采用 SCEM - UA 算法推求完参数后验分布后，需要对预报成果进行不确定性评价。本研究分别就模型的不确定性估计区间以及区间上下限两组径流序列与实测径流的相似程度进行评价。

本研究采用模拟径流过程的 90％置信区间进行分析，即将符合要求的参数组代入模型进行径流模拟，将所得结果进行大小排序，然后计算各个点的 95％和 5％分位点，可得径流模拟的 90％置信区间。为定量分析 90％置信区间的有效性，选择实测值覆盖率 CR、预测区间平均相对宽度 RIW 以及预测区间对称性 IS 进行评价（宋晓猛等，2014；姚锡良等，2014）。评价指标的计算原理如下：

$$NS = 1 - \frac{\sum_{i=1}^{n}(Q_i - Q_{si})^2}{\sum_{i=1}^{n}(Q_i - \bar{Q})^2} \tag{2-29}$$

式中：Q_i 为实测流量；Q_{si} 为模拟流量；$\bar{Q}$ 为实测流量平均值。

$$KGE = 1 - \sqrt{(1-\gamma)^2 + (1-\alpha)^2 + (1-\beta)^2} \tag{2-30}$$

式中：γ 为模拟流量与实测流量的线性相关系数；α 为模拟流量的标准差与实测流量标准差的比值；β 为模拟流量的均值与实测流量均值的比值。

当 $IS=1$ 时，预测区间对称；当 $0 \leqslant IS \leqslant 1$ 时，预测区间较实测值偏高；当 $IS>1$ 时，预测区间较实测值偏低。IS 越接近 1，预测区间对称性越高，预测区间性质越优，越能更好地覆盖实测值。而对区间上下限两组径流序列与实测径流的相似程度的评价，这里采用上文的 NS 系数与 KGE 系数进行计算。

（五）径流不确定性预报

本研究以 1977—1979 年日数据为率定期，1980—1981 年为检验期，采用 SCEM - UA 算法，初始样本取样数 1000，复合型个数 5 个，最大运行次数 3000 次，其余参数默认，对流域进行水文过程模拟和不确定性分析。

从图 2 - 15 中 5 个参数的后验分布直方图可以看出，所有的参数后验分布都是不规则分布，具有明显的峰值。其中，c_{max}、α、R_s 的分布已近似于正态分布，而 b_{exp}、R_q 也呈明显的偏态分布，具有较强的辨识性；结合表 2 - 4 能够发现，参数后验分布直方图中的峰值对应的数值近似最优参数值，说明参数后验分布均值近似最优参数值；此外，从图 2 - 15 中的横坐标可以看出，模型的参数取值范围在设定的取值范围基础上大大缩小，以 c_{max} 为例，设定范围是 1～500，结果率定后实际的取值范围为 122～136，占设定取值区间 4％，参数分布更为集中。以上分析说明了 SCEM - UA 算法对 HYMOD 模型参数优选的有效性，HYMOD 模型参数不确定性较小。

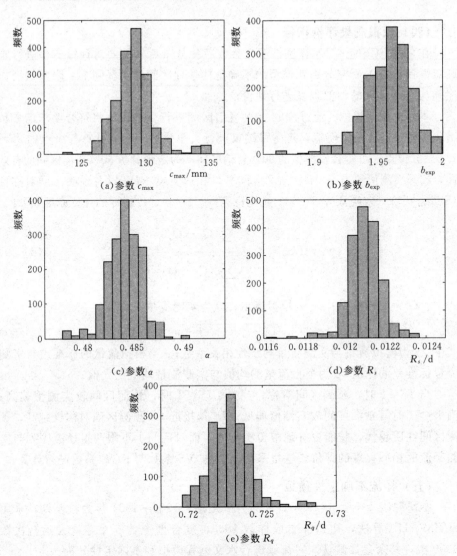

图 2-15 HYMOD 模型参数后验分布图

表 2-4 HYMOD 模型参数分布统计情况以及 SCEM-UA 算法最优参数值

参数	取值范围	均值	标准差	最大值	最小值	最优值
c_{max}/mm	1~500	128.288	78.472	498.393	4.125	128.915
b_{exp}	0.1~2	1.703	0.289	1.996	0.107	1.959
α	0.1~0.99	0.470	0.089	0.990	0.101	0.484
R_s/d	0~0.1	0.016	0.013	0.099	0.001	0.012
R_q/d	0.1~0.99	0.714	0.098	0.990	0.101	0.723

由表 2-4 可以看出：①除了 c_{max} 的标准差略大，达到 78.472 之外，总体而言，模型参数标准差较小，各参数均值与 SCEM-UA 算法的最优值接近，参数后验分布较为密集，说明参数分布是朝着高概率区进行收敛的；②参数分布中，每个参数的最大值与最小值基本与该参数的取值范围保持一致，以 R_s 为例，其参数分布中最小值与最大值分别为 0.001 与 0.099，基本上探索到了设定范围的边界（0~0.1），这反映了 SCEM-UA 算法的各态遍历性。将参数后验分布中各参数数值出现的频次进行了统计，结果显示绝大多数参数都集中在最优值附近较小的区间内（图 2-16），这再次验证了上述结论。

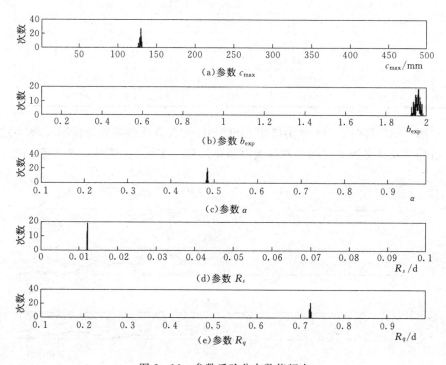

图 2-16　参数后验分布数值频次

对参数后验分布数据进一步分析可知，SCEM-UA 算法得到的参数组的 NS 系数值最高达到 0.873，这一结果表明考虑模型参数不确定性所得到的模拟效果是较为理想的。表 2-5 的最后一栏显示，所得参数组出现了所谓的"异参同效"现象，说明将模型参数不确定性纳入径流不确定预报的必要性。表 2-5 中出现"异参同效"现象的参数数值都在一个较小的范围内，以 c_{max} 为例，14 组参数中，c_{max} 数值在 99~105 区间内，这再次佐证了算法所得参数后验分布是朝着高概率区进行收敛这一结论。

表 2-5　　　　　　　　　　　"异参同效"参数组

序号	$c_{\max}$	$b_{\exp}$	α	R_s	R_q	NS 系数
1	103.4392104	1.82623009	0.46844263	0.01305142	0.7400799	0.865
2	101.0115534	1.80526484	0.46596158	0.01310393	0.7416682	0.865
3	101.2565364	1.81427912	0.46733114	0.01310107	0.7412708	0.865
4	102.6447867	1.84028909	0.46896845	0.01303582	0.7397626	0.865
5	104.8283672	1.81606205	0.46950713	0.01297490	0.7393982	0.865
6	103.9175887	1.82081002	0.47237915	0.01304198	0.7406137	0.865
7	100.1708829	1.78482971	0.46468309	0.01308039	0.7417026	0.865
8	103.7200349	1.82875718	0.47121832	0.01300649	0.7396815	0.865
9	104.1320236	1.83983070	0.47288494	0.01288884	0.7396466	0.865
10	101.8666886	1.80018924	0.46863432	0.01298501	0.7409795	0.865
11	103.2324991	1.81367991	0.47232014	0.01287032	0.7408031	0.865
12	99.79981645	1.79609646	0.46686120	0.01307943	0.7418103	0.865
13	101.4131881	1.78072093	0.46860603	0.01315262	0.7416107	0.865
14	102.4835111	1.82122436	0.47063803	0.01284204	0.7396520	0.865

　　图 2-17 与图 2-18 分别描述了 SCEM-UA 算法收敛判断指标 $\sqrt{SR}$ 的演化过程以及各参数对应的马尔科夫链演化过程。在图 2-17 中，各参数对应的

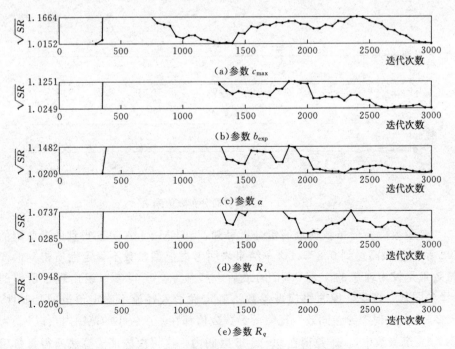

图 2-17　SCEM-UA 算法收敛判断指标 $\sqrt{SR}$ 的演化过程

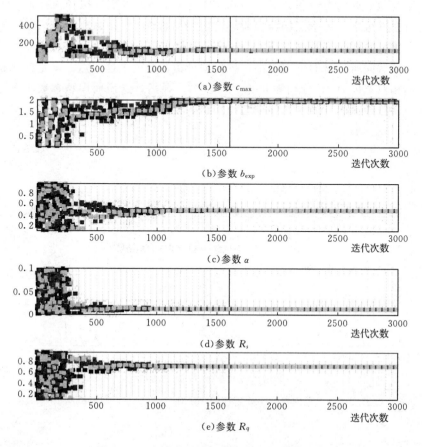

(a)参数 c_{max}

(b)参数 b_{exp}

(c)参数 α

(d)参数 R_s

(e)参数 R_q

图 2-18　各参数对应的马尔科夫链演化过程

比例缩小系数 $\sqrt{SR}$ 落入纵轴内的区间即代表马尔科夫链收敛，显然，所有参数都在 2000 次计算之后收敛于稳定的后验分布。图 2-18 更为直观地表现出了这种趋势：各参数经过早期的遍历搜寻后，较为迅速地收敛到一个确定的数值——最优值的周围。

图 2-19 和图 2-20 是考虑参数不确定性的径流模拟结果，设定置信度上限为 95%，下限为 5%，即 90% 的置信区间以衡量模型计算的不确定性，图 2-19 代表率定期，图 2-20 代表检验期。同时计算出率定期与检验期各预报径流不确定性评价指标值，见表 2-6。从图 2-19、图 2-20 和表 2-6 可以看出：①从过程线趋势上看，模拟径流过程线的趋势与实测径流拟合度较好，两幅图中的 95% 分位点与 5% 分位点模拟流量的 NS 系数与 KGE 系数值均大于 0.8，这意味着径流模拟在时间尺度上吻合实际情况；②模拟径流流量无论是在高水区还是在低水区大多数情况都没有落入设置的置信区间内，表 2-6 中

率定期与检验期的覆盖率分别仅为 0.034 与 0.036，说明模拟径流接近实测径流的可能性很小；③率定期与检验期的区间对称性 IS 分别为 0.706 与 0.846，均处于预测区间较实测值偏高的范围；④从图 2-19 和图 2-20 可以直观地发现，置信区间所包含的范围较小，量化评价指标验证了这一点：率定期与检验期平均相对宽度 ARB 分别为 0.03 与 0.032。显然，这说明模型参数不确定性所导致模拟径流的不确定性问题已经得到了较好的解决。

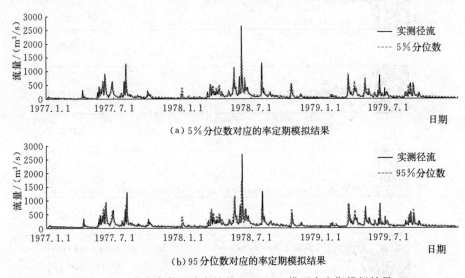

（a）5％分位数对应的率定期模拟结果

（b）95 分位数对应的率定期模拟结果

图 2-19　考虑参数不确定性的 HYMOD 模型率定期模拟结果

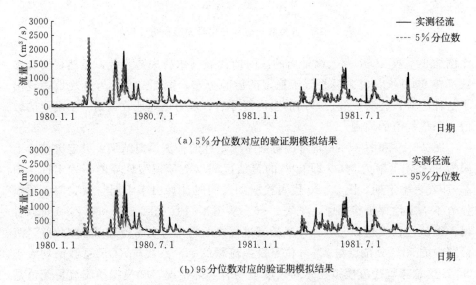

（a）5％分位数对应的验证期模拟结果

（b）95 分位数对应的验证期模拟结果

图 2-20　考虑参数不确定性的 HYMOD 模型检验期模拟结果

表 2-6　　　　　率定期与检验期预报径流不确定性评价指标值

研究时段	分位点	NS 系数	KGE 系数	CR	ARB	IS
率定期	95%	0.824	0.879	0.034	0.030	0.706
	5%	0.822	0.862			
检验期	95%	0.831	0.905	0.036	0.032	0.846
	5%	0.841	0.904			

上面的数据结果与分析似乎存在一定的矛盾：从覆盖率看，径流模拟的效果可以说是不理想的，然而平均相对宽度 ARB 又表明径流模拟的不确定性已经很小。如何解释这种现象？有理由相信，导致模拟径流量与实测径流量存在差异的原因主要源自另外几个方面：输入数据的不确定性、模型结构的不确定性以及人类活动的影响。比如，输入数据中实测流量、降水量以及蒸发量在数据测量时产生的误差、为了便于计算在建模过程中所不得不采用的概化处理、各种影响流域产汇流的工程与非工程措施等。

从实践应用方面来看，采用已获得的径流模拟结果来进行水库调度显然是不合适的。但是将模型参数不确定性纳入水库调度，以便进一步分析不确定性对水库调度的影响，不失为一种有益的尝试。

第四节　　流域水文模拟不确定性驱动因素辨识

在不确定性驱动因素方面，本研究分别从流域地形地貌、径流系数、模型参数和似然函数等因素对水文模拟与预报及其不确定性的影响展开分析，尤其揭示了现有的参数不确定性分析方法通过调整参数后验分布掩盖了 DEM 分辨率对流域水文模拟与预报的影响。

一、地形地貌对水文模拟与预测不确定性的影响

本研究选择南水北调水源区所在的汉江流域的 3 个不同地貌类型的子流域为试验流域，采用 1：50000 比例尺 DEM 为基准数据，基于以地形为基础的半分布式流域水文模型 TOPMODEL，研究栅格分辨率对水文模拟不确定性的影响，并利用多目标模糊优化算法，对水文模拟的不确定性进行了综合评价。结果表明，DEM 栅格分辨率对地形特征和地形指数都有很大的影响，从而影响水文模拟的不确定性，但由于水文模拟的复杂性在一定程度上掩盖了不同 DEM 分辨率计算的地形指数的差别，使得这种影响不是很大。对于现有试验流域而言，当分辨率为 200m 时可以得到相对较优的不确定性预测区间。

近年来，空间数据不确定性的研究成为地理信息科学理论研究的热点，数字高程模型（digital elevation model，DEM）分辨率对所提取信息精度的影响，正是DEM不确定性研究的核心内容之一（汤国安等，2003）。目前，国内外学者已经对DEM不确定性进行了大量的研究，研究结果表明，DEM的分辨率对提取河网的精确性有影响，平缓的水流流向的不确定性与DEM的分辨率密切相关，局部需要进行人工修正，且不同分辨率的DEM提取的流域的参数也有差别，面积、长度等有关参数差别不大，但坡度值变化明显（汤国安等，2003）；Sørensen和Seibert的研究表明DEM分辨率对地形指数及其组成部分有影响（Sørensen和Seibert，2007）；林凯荣等同样发现DEM网格尺度和不同流向分配方法计算的地形指数也有差别，但对于TOPMODEL模拟的结果相差并不大（林凯荣等，2007）。但DEM分辨率对于水文不确定性的影响研究则相对较少。水文不确定性也是水文科学研究最为重要和棘手的方面之一，特别是在全球水文及气候变化中，水文不确定性成为水文科学发展中一个新的前沿课题（刘昌明等，2004；叶守泽和夏军，2002）。为了研究水文模型的不确定性，国内外水文学家提出了很多解决的方法，最著名的是英国水文学家Beven和Binley在1992年提出的GLUE方法（general likelihood uncertainty estimation），该方法具有使用简便、易于操作等优点，在国内外得到了广泛的应用（Blasone和Vrugt，2008；Xiong和O'Connor，2008；卫晓婧等，2009；林凯荣等，2009）。目前存在的主要问题是如何有效合理地评价水文模拟的不确定性，Blasone和Vrugt最早采用估计的预测区间的覆盖率作为评价指标（Blasone和Vrugt，2008），Xiong和O'Connor、卫晓婧等进一步提出采用覆盖率、区间宽度和区间的对称性进行评价（Xiong和O'Connor，2008；卫晓婧等，2009）。但是，覆盖率和区间宽度往往是相矛盾的，区间宽度越大，相应的覆盖率会越高，反之亦然。因此，对于水文模拟的不确定性的评价，不能仅从单一的评价指标出发，必须根据具体情况的实际需要进行多目标综合评价。

地形状况决定流域基本特征，在进行流域水文过程模拟时，DEM分辨率会影响流域特征参数的提取，进而影响水文模拟的结果。因此选择满足实际洪水预报要求又充分顾及计算机容量与处理能力的最佳DEM分辨率是一个值得研究的问题。本研究正是基于国家自然科学基金项目"水文模拟与预报不确定性驱动因素及贡献分解"，以南水北调水源区所在的汉江流域的3个不同地貌类型的子流域为试验流域，利用地理信息系统的空间分析功能，基于以地形为基础的半分布式流域水文模型TOPMODEL，研究不同DEM分辨率下的水文模拟的不确定性，利用多目标模糊优化算法，对水文模拟的不确定性进行综合评价，为汉江流域的防汛调度决策提供数据支持和依据。

（一）汉江流域概况和信息源

汉江发源于秦岭南麓，干流经陕西、湖北两省，于武汉市汇入长江，全长约 1570km，流域面积 15.9 万 km^2。汉江流域是长江最大的支流流域，起着我国中西部的经济传输作用和承南启北的连接作用，是我国西北、西南、中原、华中等经济区的联结枢纽；流域幅员广阔，气候垂直分布明显，光、热和水资源空间差异大，是我国降水变率比较大、旱涝灾害频繁发生的地区之一；其在防洪和供水等方面在我国具有十分重要的地位，丹江口水库是南水北调中线工程的水源地，江汉平原是我国主要的商品粮生产基地之一。

选用位于汉江上游的陕西省西乡和向家坪流域，以及位于汉江中游的河南省西峡流域作为试验流域。西乡流域位于汉江南岸的牧马河上，流域面积 1224km^2。流域为低山丘陵盆地地貌，主要由花岗岩、花岗杂岩组成，经流水长期侵蚀，岗丘起伏，顶部浑圆，坡度和缓。西乡盆地是汉江南岸中最大盆地之一，也是汉江南岸的农业生产中心。向家坪流域位于汉江北岸的旬河上，流域面积 6448km^2。流域为秦岭山地地貌，山大谷小，峰高多在 2000～3000m，坡缓而长，其水平距离达 100～130km，沿东西向构造发育，平面上似呈方格状水系。西峡流域位于丹江的主要支流老灌河上，流域面积 3219km^2。流域为伏牛山中山丘陵地貌，地形起伏，水土流失严重。

研究采用国家测绘局编制的 1∶50000 地形图（等高距为 20m）作为建立 DEM 的基本信息源，通过数字化建立水平分辨率为 25m、50m、100m、200m、400m 和 800m 的 DEM。表 2-7 显示了 3 个流域不同 DEM 分辨率下的地形特征值。从表 2-7 中可以看出：随着 DEM 栅格的增大，一些微地形特征被忽视，平均坡度、曲面/平面和体积/平面地形特征值变小；其中，平均坡度的变化尤为明显。另外，地表粗糙度和高程变异用来表示地面高程的起伏程度，两者均随着 DEM 栅格的增大而增大，栅格大于 100m 时尤为明显。

表 2-7　　　　　　　　　　不同 DEM 分辨率下的地形特征值

流域	DEM 图例	地形特征	DEM 分辨率					
			25m	50m	100m	200m	400m	800m
西乡		平均坡度/%	44.90	40.50	33.61	26.27	19.68	14.51
		曲面/平面/(km^2/km^2)	1.1337	1.1204	1.0984	1.0716	1.0466	1.0290
		体积/平面/(km^3/km^2)	0.5936	0.5923	0.5901	0.5854	0.5778	0.5688
		地表粗糙度	2.39	6.35	13.86	25.15	42.03	67.60
		高程变异	0.010	0.018	0.030	0.046	0.069	0.103
向家坪		平均坡度/%	64.72	59.96	51.34	40.18	29.04	19.69
		曲面/平面/(km^2/km^2)	1.2246	1.1954	1.1528	1.1013	1.0562	1.0267
		体积/平面/(km^3/km^2)	0.9759	0.9756	0.9747	0.9718	0.9640	0.9345
		地表粗糙度	3.02	8.23	19.62	39.16	66.86	102.93
		高程变异	0.013	0.023	0.041	0.066	0.098	0.135

续表

流域	DEM 图例	地形特征	DEM 分辨率					
			25m	50m	100m	200m	400m	800m
西峡		平均坡度/%	53.20	47.56	38.63	29.09	20.99	14.42
		曲面/平面/(km²/km²)	1.1674	1.1489	1.1168	1.0781	1.0457	1.0245
		体积/平面/(km³/km²)	0.7246	0.7238	0.7226	0.7196	0.7154	0.7056
		地表粗糙度	2.92	7.89	17.32	30.81	48.93	74.89
		高程变异	0.013	0.023	0.039	0.060	0.089	0.126

（二）TOPMODEL 参数

本研究选取 TOPMODEL 模型中的 4 个主要参数 S_{zm}、T_0、T_d 和 SR_{max} 进行研究。其中 S_{zm} 是非饱和区最大蓄水深度；T_0 是饱和导水率；T_d 是时间参数；SR_{max} 则是根系区最大容水量。假设参数的先验分布为均匀分布，根据它们的物理意义、已有的研究成果和汉江流域土壤的特性，确定本研究参数的取值范围见表 2-8。

表 2-8　　　　　　　TOPMODEL 模型参数的取值范围

参数	单位	物理意义	最小值	最大值	平均值
S_{zm}	m	非饱和区最大蓄水深度	0.01	1	0.5
T_0	m²/h	饱和导水率	0.01	3	1.5
T_d	h	时间参数	1	100	50
SR_{max}	m	根系区最大容水量	0.01	0.5	0.25

（三）结果与分析

1. 分辨率与汇流路径长度

平均和最大汇流路径长度分别是流域内每个栅格汇流路径长度的均值和最大值，与流域大小、形状、地形等有关。对于不同的 DEM，栅格和周围的栅格流向发生了改变，汇流路径也会随之改变；表 2-9 和图 2-21 分别显示了 3 个试验流域在不同 DEM 分辨率下的汇流路径长度。从表 2-9 和图 2-21 中可以看出，平均汇流路径长度和最大汇流路径长度均随着 DEM 栅格的增大而减小，当栅格大于 400m 时变化趋于平缓。由此可见，DEM 分辨率的减小总体上会造成汇流路径变短。

表 2-9　　　　　　　不同分辨率下的汇流路径长度

流域	地形特征	DEM 分辨率					
		25m	50m	100m	200m	400m	800m
西乡	平均汇流路径长度/km	47.4	46.7	46.15	43.01	39.56	37.78
	最大汇流路径长度/km	85.21	84.42	83.77	78.51	80.19	69.41

流域	地形特征	DEM 分辨率					
		25m	50m	100m	200m	400m	800m
向家坪	平均汇流路径长度/km	104.76	103.93	101.13	93.82	84.43	82.88
	最大汇流路径长度/km	184.32	182.98	176.71	163.02	145.22	143.12
西峡	平均汇流路径长度/km	75.89	75	73.07	69.04	51.59	45.73
	最大汇流路径长度/km	181.19	179.1	171.3	156.71	123.44	112.35

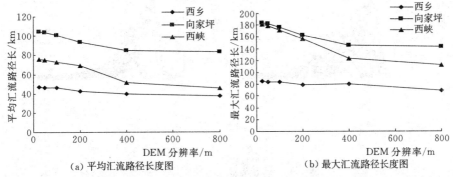

(a) 平均汇流路径长度图　　　　　(b) 最大汇流路径长度图

图 2-21　不同 DEM 分辨率下的汇流路径长度图

2. 分辨率与地形指数分布

DEM 分辨率对地形特征有很大的影响，由于地形指数与地形坡度有关，所以 DEM 分辨率对地形指数的大小和分布也会有一定影响。表 2-10 和图 2-22 分别列出了 3 个流域在不同 DEM 分辨率下，采用多流向分配方法计算的地形指数的分布和特征值。从表 2-10 和图 2-22 中可以看出：地形指数的均值随着 DEM 栅格的增大而增大，也就是说随着栅格的增大，地形指数高值的面积百分比增大；随着 DEM 栅格的增大，地形指数的均方差变大，而变差系数有变小的趋势，也就是说，地形指数的绝对离散程度变大了，而相对离散程度则有变小的趋势；偏态系数随着 DEM 栅格的增大而变小，也就是说随着DEM 栅格的增大，其不对称性有变小的趋势。

表 2-10　　　　　　不同 DEM 分辨率的地形指数特征值

流域	特征值	25m	50m	100m	200m	400m	800m
西乡	均值	5.06	5.74	6.53	7.05	7.78	8.38
	均方差	1.33	1.51	1.59	2.08	2.3	2.36
	变差系数 C_v	0.263	0.262	0.244	0.296	0.296	0.28
	偏态系数 C_s	1.57	1.63	1.54	−0.285	−0.279	−0.322
向家坪	均值	4.97	5.67	6.36	7.06	7.93	8.81
	均方差	1.48	1.71	1.73	1.83	1.9	2.01
	变差系数 C_v	0.298	0.302	0.271	0.259	0.24	0.228
	偏态系数 C_s	1.67	1.84	1.76	0.76	0.48	0.15

流域	特征值	25m	50m	100m	200m	400m	800m
西峡	均值	5.06	5.69	6.45	7.05	7.79	8.58
	均方差	1.53	1.68	1.74	1.93	2	2.23
	变差系数 C_v	0.303	0.296	0.269	0.273	0.257	0.26
	偏态系数 C_s	1.63	1.62	1.55	0.23	−0.01	−0.15

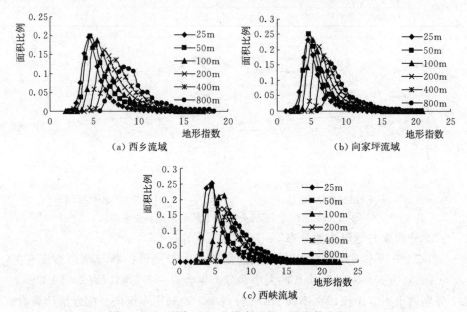

图 2 - 22 不同 DEM 分辨率下的地形指数分布图

3. 分辨率与水文模拟不确定性

传统的水文学的大多数研究都是尽力找到最好的估计值，所以水文模拟和预测结果都被设定提供点估计，这时一般采用 Nash - Sutcliffe 确定性系数作为评价指标。从数理统计学的角度看，点估计只是给出了模拟和预测内容的近似值，并没有给出这个近似值的误差范围和估计的可信程度。为了弥补点估计的这个不足，引进数理统计学区间估计的思想来估计水文模拟与预测的不确定性，这时最好采用置信区间性质以及统计特征进行评价。因此，为了评价模型参数分布对模拟结果的不确定性的影响，本研究选取区间覆盖率 CR、区间宽度 RIW 和区间对称性 IS 作为评价指标，各评价指标计算公式见参考文献（卫晓婧等，2009）。数据选取 3 个试验流域的 1980—1990 年的逐日的各雨量站降雨量、各蒸发站蒸发量和各水文站流量资料，数据的长度为 4018；根据不同 DEM 分辨率得到的地形指数分布，采用常用的 GLUE 方法，以 Nash - Sutcliffe 确定性系数为似然函数，设置似然函数阈值为 70%，得到 95% 的流量置信区间；然后计算区间覆盖率 CR、区间宽度 RIW 和区间对称性 IS，结果见表 2 - 11 和图 2 - 23。从表 2 - 11 和图 2 - 23 中可以得出：

①DEM分辨率对选取的水文模拟结果的不确定性有一定的影响，但由于水文模拟的复杂性在一定程度上掩盖了不同DEM分辨率计算的地形指数的差别，这种影响不是很大；②当DEM分辨率小于200m时，区间覆盖率CR和区间宽度RIW有增大的趋势；当DEM分辨率大于200m时，则逐渐变小；③DEM分辨率对区间对称性IS的影响规律性不强，但可以得出DEM分辨率为200m时，区间对称性最高。

表 2-11　　　　　　　　不同 DEM 分辨率的不确定性评价指标值

流域	特征值		25m	50m	100m	200m	400m	800m
西乡	CR		0.908	0.906	0.907	0.912	0.914	0.910
	IW		38.109	37.105	38.039	40.087	40.948	39.822
	IS		1.760	1.480	1.567	1.410	1.600	1.643
	隶属度	方案一	0.257	0.315	0.248	0.726	0.717	0.374
		方案二	0.269	0.598	0.454	0.711	0.495	0.277
向家坪	CR		0.932	0.930	0.931	0.941	0.939	0.931
	IW		84.052	82.946	83.373	89.577	90.227	86.810
	IS		2.283	2.017	2.200	1.815	1.870	2.052
	隶属度	方案一	0.242	0.286	0.255	0.796	0.707	0.101
		方案二	0.295	0.515	0.368	0.714	0.61	0.235
西峡	CR		0.933	0.930	0.931	0.941	0.941	0.935
	IW		41.847	41.448	42.253	44.760	45.140	43.559
	IS		2.308	2.017	2.161	1.815	2.000	2.074
	隶属度	方案一	0.298	0.288	0.187	0.777	0.735	0.369
		方案二	0.336	0.523	0.315	0.704	0.56	0.388

为了对水文模拟结果的不确定性进行定量的综合评价，本研究采用多目标模糊优化算法进行分析（陈守煜，1990）。首先，应用人的经验知识的有序二元比较法来确定各评价指标的权重（雒征和林凯荣，2006）。应该指出的是，评价指标权重的确定融入了决策者的主观臆断，决策者可以根据具体情况的实际需要进行相应的调整。为了尽量减少主观因素的影响，本研究设置了两套权重方案进行比较。方案一中比较关心的是预测区间是否能够更好地覆盖观测值，因此取区间覆盖率为最重要的指标；在此基础上认为区间宽度越小越好，最后是区间越对称区间性质越优，权重如表2-12方案一所列。方案二则不考虑各指标的相对重要度，认为它们都同等重要，因此设置权重都相同，如表2-12方案二所列。然后，采用多目标模糊优化算法求得各DEM分辨率对于理想优方案的隶属度，根据最大隶属原则，可得到一个较适合的DEM分辨率，结果见表2-11。从中可以得出：由于方案一和方案二设置不同的权重，得到的隶属度也有所不同；但对于不同DEM分辨率得到的隶属度的变化趋势基本是一致的。对于3个试验流域，当栅格分辨率为200m时得到的不确定性

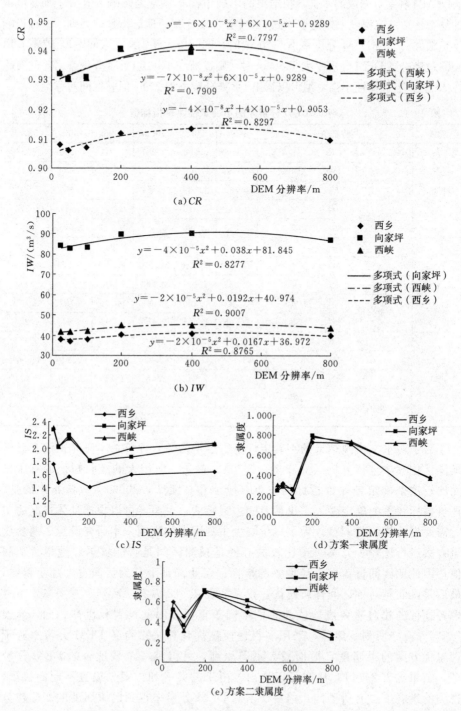

图 2-23　DEM 分辨率与不确定性评价指标的关系图

预测区间都是相对较优的；这也与前面的水文模拟结果的不确定性评价指标的分析结论相吻合。虽然从理论上来讲，DEM 分辨率越高，意味着地面布设较多的高程采样点，地形模拟的精度就越高，相应地水文模拟的精度就越高。但是，不同比例尺及栅格分辨率 DEM 在提取坡度的精度上存在着明显的差异，加之地形起伏变异等因素的影响，更加大了误差积累与传播的复杂性（汤国安，2003）；也就意味着 DEM 分辨率越高，由于误差积累与传播带来的不确定性有可能越大。另一方面，分辨率越小会使得坡度图数据量减小，在一定程度上更加反映出地形大的起伏轮廓，但是这是以损失陡缓两坡度级别的真实区域面积和增加中等坡度的虚假面积为代价的。因此，对于特定尺度的流域而言，应该存在一个相对理想的分辨率，能够得到相对较优的水文模拟结果。这与本研究得出的结论是相一致的。

为了得到比较符合实际的各评价指标的权重，可以通过聘请专家与有关领导若干人组成专家组，每人根据实际需要慎重考虑独立给定各评价指标的二元对比重要度，归一化后即可得到各评价指标权重，然后把每个评价指标的平均权重作为最后的权重。但这往往在实际工作中很难做到，所以，本研究建立了水文模拟不确定性评价系统，在该系统中，决策者也可以根据各种需要与系统进行人机交互，确定评价指标的权重，得出各种模拟不确定性评价的结果，通过分析比较得出最优的方案，以供决策参考。这也为研究各种模拟的不确定性评价，尤其是目前研究较少的由于模型结构引起的不确定性评价，提供了一种新的思路。

表 2-12   评价指标权重表

方案	评价指标	代码	相对重要度语气	重要度	权重	越大越好指标
一	区间覆盖率	CR	最重要	1	0.473	0
	区间宽度	IW	重要	0.667	0.315	−1
	区间对称性	IS	一般	0.448	0.212	−1
二	区间覆盖率	CR	最重要	1	1/3	0
	区间宽度	IW	同等重要	1	1/3	−1
	区间对称性	IS	同等重要	1	1/3	−1

注 在越大越好指标中，0 表示越大越好，−1 则表示越小越好。

根据多目标模糊优选算法推求的隶属度可知，当分辨率为 200m 的时候能够得到较好的不确定性计算结果。图 2-24 显示了分辨率为 200m 时西峡流域模型参数与似然函数值的散点图；图 2-25 显示了分辨率为 200m 时西峡流域 95% 置信水平下的预测区间。从表 2-11 中得到这时的区间覆盖率为 0.941，也就是说计算的预测区间基本上能够包含实测流量，但还有一些实测流量落在 95％ 的置信区间之外，如图 2-25 所示。这说明 TOPMODEL 模型并不能完全模拟出该流域的流量过程，这是由于模型结构等其他的不确定性因素而引起的，有待于进一步研究。

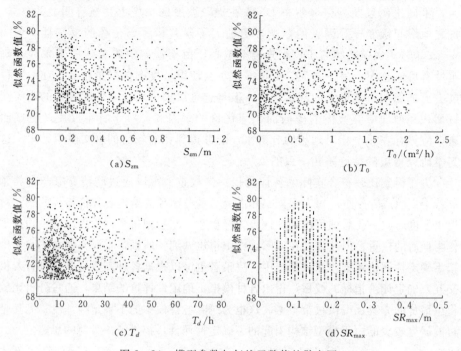

(a) S_{zm}　　　(b) T_0

(c) T_d　　　(d) SR_{max}

图 2-24　模型参数与似然函数值的散点图

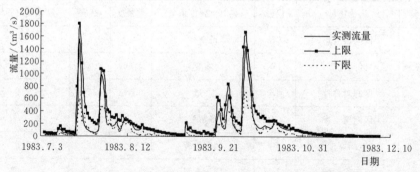

图 2-25　分辨率为 200m 时西峡流域 95％ 置信水平的模型预报的不确定性区间

（四）结论

（1）地形状况决定流域基本特征，随着 DEM 栅格的增大，一些微地形特征被忽视，平均坡度、曲面/平面和体积/平面地形特征值变小；其中，平均坡度的变化尤为明显。另外，地表粗糙度和高程变异用来表示地面高程的起伏程度，两者均随着 DEM 栅格的增大而增大，栅格大于 100m 时尤为明显。

（2）DEM 分辨率对地形指数的大小和分布也有一定影响。随着 DEM 栅格的增大，地形指数高值的面积百分比增大；地形指数的绝对离散程度变大了，而相对离散程度则有变小的趋势；其不对称性则有变小的趋势。

（3）本研究选取区间覆盖率 CR、区间宽度 IW 和区间对称性 IS 作为评价指标，利用多目标模糊优化算法，构建了一个定量衡量水文模拟的不确定性的综合评价方法。DEM 分辨率对选取的水文模拟结果的不确定性有一定的影响，但由于水文模拟的复杂性在一定程度上掩盖了不同 DEM 分辨率计算的地形指数的差别，使得这种影响不是很大。对于现有试验流域而言，当分辨率为200m 的时候可以得到相对较优的不确定性预测区间。

事实上，DEM 数据的组织方式、模型输入和结构等都有可能影响 TOP-MODEL 水文模拟的不确定性，因此本研究可以继续深入，通过扩大研究流域，考虑更多的驱动因素，并进行贡献分解，发现更加普遍的规律。

二、径流系数对水文模拟与预测不确定性的影响

本研究应用 TOPMODEL 模型，采用普适似然不确定估计（GLUE）方法，以属于半干旱地区的东湾流域为例，探讨径流系数在水文模拟与预报中的影响作用，希望通过其影响作用来提高径流系数较低地区的模拟精度，减小水文模拟与预报的不确定性。研究发现，模拟精度随着径流系数增大而提高，并在径流系数为 0.5 附近达到峰值后逐渐降低。基于此结论，通过流量放大的改进方法进行东湾流域的水文模拟，改进后的结果有较大改善。

在降雨径流模型中，降雨通常以流域平均的方式输入，其空间变异性对水文模拟结果的不确定性有重要影响，但就模型结构及计算的复杂程度而言，模型中难以考虑降雨的空间变异性。径流对降雨的变化比较敏感，在径流系数较小的干旱半干旱地区尤为明显。熊立华和郭生练研究了径流系数在降雨径流模型中的影响作用，结果表明，在一个径流系数较小的流域，适当提高径流系数，可以取得更高的模拟精度（熊立华和郭生练，2004）。考虑到半干旱地区的径流呈现陡涨陡落的特点，一直以来都是水文模拟与预报的难点之一，本研究试图通过流量放大的方法，提高径流系数，改变产流机制，从而结合普适似然不确定估计（GLUE）方法，采用适用于湿润地区的 TOPMODEL 模型来提高干旱半干旱地区的模拟精度，减小水文模拟与预报的不确定性。

（一）研究方法
1. 通过流量放大的改进方法

（1）应用 TOPMODEL 模型，采用 GLUE 方法，对流域径流进行模拟，模拟流量标记为 $\tilde{q}_0$，计算模拟结果的确定性系数值记为 r_0^2。

（2）将实测径流系列乘以放大倍数 k，得到假设的径流系列 $x_i = kq_i$，然后

重复步骤（1），模拟流量标记为 $\tilde{x}(k)$，模拟结果的确定性系数记为 $r^2(k)$。

（3）用不同的 k 值重复步骤（2），计算出模拟流量和对应确定性系数。

（4）找出确定性系数最大的一组，并将相应 k 值标记为 k_{opt}，将相应的假设径流系列标记为 $x_{opt}=k_{opt}q_i$，将模拟结果标记为 $\tilde{x}_{opt}$，对应确定性系数值记为 r^2_{opt}。如果 $r^2_{opt}>r^2_0$，则

$$r^2_{opt}=1-\frac{\sum(x_{opt}-\tilde{x}_{opt})^2}{\sum(x_{opt}-\bar{x}_{opt})^2}=1-\frac{\sum(x_{opt}/k-\tilde{x}_{opt}/k)^2}{\sum(x_{opt}/k-\bar{x}_{opt}/k)^2}$$
$$=1-\frac{\sum(q_i-\tilde{x}_{opt}/k)^2}{\sum(q_i-\bar{q})^2}=1-\frac{\sum(q_i-\tilde{q})^2}{\sum(q_i-\bar{q})^2}=r^2(\tilde{q}) \tag{2-31}$$

即

$$\tilde{q}=\tilde{x}_{opt}/k_{opt} \tag{2-32}$$

否则

$$\tilde{q}=\tilde{q}_0 \tag{2-33}$$

故实测径流 q 最终的模拟结果：

$$\tilde{q}=\begin{cases}\tilde{q}_0, & r^2_{opt}\leqslant r^2_0 \\ \tilde{x}_{opt}, & r^2_{opt}>r^2_0\end{cases} \tag{2-34}$$

2. 其他评价指标

除了 Nash‐Sutcliffe 模型效率系数，用到的评价指标还有区间宽度、对称性。

（二）实例研究

1. 东湾流域的概况

东湾流域位于中国河南省嵩县境内，是黄河的支流，发源于秦岭的伏牛山脉。东湾水文站控制流域面积为 2623km²，包含了 8 个测流站。该区属于季风气候，降雨季节变化很大，年平均降雨量约 790mm，属于半干旱地区。由于降雨为主要水源，年降雨量大小直接影响着径流量的大小。其洪水的发生主要由夏季的暴雨引起，峰形窄而尖，大约持续 3～5d。本研究应用的数据是东湾站 1996—1998 年每小时的降雨、蒸发和径流资料。数据长度为 10869。在选择的年份中，流域的径流系数为 0.335。

2. 参数组的选择

对模型主要的 4 个参数设定一分布区间（表 2‐13），采用均匀分布，通过 Monte Carlo 取样方法生成 100000 组参数组。

表 2‐13　　　　　**东湾流域 TOPMODEL 模型参数取值范围**

参数	最小值	最大值	平均值
S_{zm}	0.010	0.500	0.255
T_0	-2.330	3.400	0.535

续表

参数	最小值	最大值	平均值
T_d	1.000	20.000	10.500
$SR_{\max}$	0.010	0.300	0.155

3. 径流系数对水文模拟不确定估计的影响作用

用不同的放大倍数 k 放大实测径流，得到多组虚拟的径流系列，$k=1.00$ 时即实测径流。应用 TOPMODEL 模型，采用 GLUE 方法分两种设定对各组虚拟径流系列进行模拟。

设定一：模拟中，设定临界值 $\alpha=0.5$，不限制可行参数组数目，以观察临界值相同的情况下径流系数的影响作用。

设定二：将各可行参数组按对应确定性系数值的高低排序，取确定性系数值最高的 1078 组（即 $k=1.00$ 时的可行参数组数目）可行参数组对径流系列进行模拟，以观察可行参数组数目相同的情况下径流系数的影响作用。

两种设定的计算结果见表 2-14 和表 2-15。其中，k 是实测径流的放大倍数；R_c 表示径流系数，即径流量与降水量的比值；m 表示可行参数组数目；$r^2_{\max}$ 表示所有可行参数组中对应最大的确定性系数值；$r^2_{\min}$ 表示所有可行参数组中对应最小的确定性系数值；r^2_{var} 表示所有可行参数组确定性系数值的平均值；r^2_{mean} 是模拟上下限的中值与实测流量之间的确定性系数值。

表 2-14　　　　设定临界值 $\alpha=0.5$ 时不同放大倍数下的模拟情况

k	R_c	m	$r^2_{\max}/\%$	$r^2_{\min}/\%$	$r^2_{var}/\%$	$r^2_{mean}/\%$	IW	IS
1.00	0.335	1078	69.02	50.01	58.28	62.33	16.57	0.39
1.05	0.351	1706	72.42	50.00	60.27	64.81	19.18	0.45
1.10	0.368	2367	75.02	50.01	61.98	67.06	21.78	0.47
1.15	0.385	3035	77.13	50.01	63.45	68.84	24.31	0.50
1.20	0.402	3730	78.68	50.01	64.55	70.28	26.98	0.56
1.25	0.418	4417	79.92	50.00	65.46	71.48	28.84	0.58
1.30	0.435	5061	80.86	50.00	66.25	72.30	30.59	0.63
1.35	0.452	5635	81.54	50.01	66.97	72.92	32.05	0.65
1.40	0.469	6227	81.95	50.01	67.38	73.32	33.69	0.67
1.45	0.485	6774	82.30	50.02	67.69	73.53	35.20	0.69
1.50	0.502	7263	82.54	50.01	67.95	73.69	36.08	0.71
1.55	0.519	7764	82.63	50.01	68.00	73.57	37.15	0.73
1.60	0.536	8201	82.57	50.01	68.03	73.39	38.14	0.75

续表

k	R_c	m	r_{max}^2/%	r_{min}^2/%	r_{var}^2/%	r_{mean}^2/%	IW	IS
1.65	0.552	8600	82.39	50.02	68.00	73.21	39.19	0.78
1.70	0.569	9002	82.15	50.01	67.83	72.87	40.20	0.80
1.75	0.586	9368	81.81	50.01	67.63	72.45	41.17	0.82
1.80	0.603	9688	81.39	50.00	67.41	72.09	41.86	0.83
1.85	0.619	10010	80.88	50.00	67.10	71.66	42.44	0.99
1.90	0.636	10273	80.33	50.01	66.81	71.24	42.99	1.02
1.95	0.653	10549	79.71	50.01	66.43	70.74	43.54	1.06

表 2-15 设定可行参数组数目 $m=1078$ 时不同放大倍数下的模拟情况

k	R_c	m	r_{max}^2/%	r_{min}^2/%	r_{var}^2/%	r_{mean}^2/%	IW	IS
1.00	0.335	1078	69.02	50.01	58.28	62.33	16.57	0.39
1.05	0.351	1078	72.42	57.21	64.13	67.99	16.42	0.45
1.10	0.368	1078	75.02	63.00	68.66	72.27	16.32	0.48
1.15	0.385	1078	77.13	67.47	72.16	75.52	16.13	0.53
1.20	0.402	1078	78.68	70.88	74.83	77.94	15.96	0.59
1.25	0.418	1078	79.92	73.53	76.85	79.76	15.71	0.62
1.30	0.435	1078	80.86	75.54	78.34	81.05	15.60	0.68
1.35	0.452	1078	81.54	77.04	79.41	81.94	15.48	0.71
1.40	0.469	1078	81.95	78.07	80.14	82.52	15.30	0.75
1.45	0.485	1078	82.30	78.73	80.60	82.84	15.02	0.79
1.50	0.502	1078	82.54	79.16	80.84	82.91	14.77	0.82
1.55	0.519	1078	82.63	79.31	80.91	82.91	14.45	0.85
1.60	0.536	1078	82.57	79.32	80.82	82.73	14.40	0.88
1.65	0.552	1078	82.39	79.18	80.61	82.46	14.44	0.91
1.70	0.569	1078	82.15	78.88	80.29	82.07	14.48	0.95
1.75	0.586	1078	81.81	78.52	79.88	81.62	14.51	0.97
1.80	0.603	1078	81.39	78.09	79.40	81.07	14.56	1.00
1.85	0.619	1078	80.88	77.55	78.86	80.51	14.56	1.17
1.90	0.636	1078	80.33	77.00	78.28	79.85	14.71	1.22
1.95	0.653	1078	79.71	76.41	77.65	79.17	14.85	1.27

（三）结果分析

1. 参数分布与径流系数的关系

从表 2-14 中看出，在同样 100000 个参数组中，随着径流系数增加，可行参数组数目逐渐增加，且增幅较大。这个现象明显地反映出径流系数对基于 GLUE 分析方法的 TOPMODEL 模型的良性影响作用。图 2-26～图 2-28 是 3 种情况下的可行参数的似然值散点图。

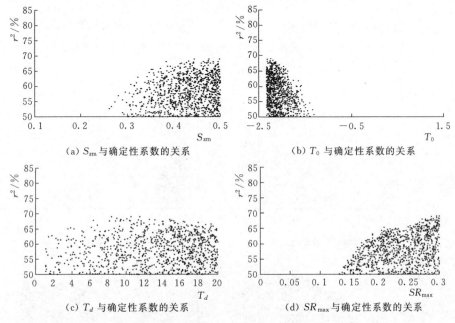

（a）S_{zm} 与确定性系数的关系　　　　（b）T_0 与确定性系数的关系

（c）T_d 与确定性系数的关系　　　　（d）SR_{max} 与确定性系数的关系

图 2-26　东湾流域 1996—1998 年可行参数的似然值散点图

（$R_c = 0.335$，$\alpha = 0.5000$，$m = 1078$）

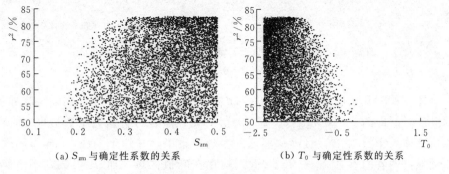

（a）S_{zm} 与确定性系数的关系　　　　（b）T_0 与确定性系数的关系

图 2-27（一）　东湾流域 1996—1998 年可行参数的似然值散点图

（$R_c = 0.502$，$\alpha = 0.5000$，$m = 7263$）

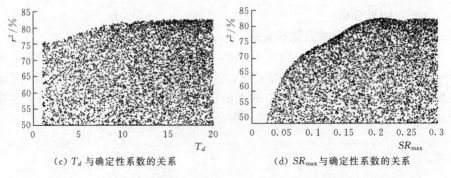

（c）T_d 与确定性系数的关系 （d）SR_{max} 与确定性系数的关系

图 2-27（二）　东湾流域 1996 —1998 年可行参数的似然值散点图
（R_c =0.502，α =0.5000，m =7263）

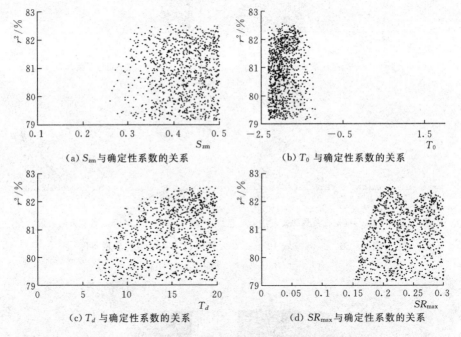

（a）S_{zm} 与确定性系数的关系 （b）T_0 与确定性系数的关系

（c）T_d 与确定性系数的关系 （d）SR_{max} 与确定性系数的关系

图 2-28　东湾流域 1996—1998 年可行参数的似然值散点图
（R_c =0.502，α =0.7915，m =1078）

　　R_c =0.335 与 R_c =0.502 对应可行参数似然值散点图相比，在设定临界值为 0.5 时（即图 2-26 和图 2-27 相比），显然后者可行参数组数目更多，似然值整体高 10％左右，且高似然区的参数更集中，并趋于平稳，"异参同效"更明显，两者的参数 S_{zm}、T_0、SR_{max} 均存在峰值区域，而 T_d 参数则不敏感；在设定可行参数组数目为 1078 时（即图 2-26 与图 2-28 相比），后者似然值的范围更窄，后者似然值最高值达 10％左右，最低值达 30％左右。

2. 确定性系数与径流系数的关系

从表 2-14、表 2-15 以及图 2-29、图 2-30 中观察到，随着径流系数增大，两种设定的确定性系数均先逐渐增大，在 $R_c = 0.5$ 附近达到峰值后再逐渐降低。第一种设定 r_{mean}^2 的峰值比原值高 11.36%，第二种设定高 20.58%，可见在东湾流域，径流系数对水文模拟不确定估计存在较大的影响作用。这是因为属于半干旱地区的东湾流域，其径流呈现陡涨陡落的特点，当径流系数增大时，在一定程度上减缓径流陡涨陡落对模拟结果的影响，提高模拟精度。

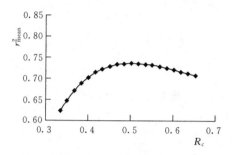 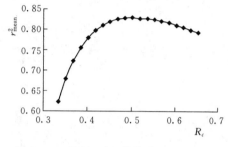

图 2-29 R_c 与 r_{mean}^2 的关系（$\alpha=0.5$）　　图 2-30 R_c 与 r_{mean}^2 的关系（$m=1078$）

3. 区间宽度、对称性与径流系数的关系

在设定临界值 $\alpha=0.5$ 的情况下，随着径流系数的增大，区间宽度 IW、对称性 IS 均呈现递增趋势，IW 递增与可行参数组数目的增加有关。在设定可行参数组数目 $m=1078$ 时，区间宽度 IW 呈现递减趋势，而对称性 IS 仍呈现递增趋势，IW 的递减是因为在同样参数组数目的情况下，似然值高的参数组数目增加了，导致区间宽度变窄。对称性的增加说明随着径流系数的增大，模拟的区间有上移的趋势。

4. 改进后的结果分析

将通过流量放大的改进方法应用于东湾流域，分两种情况进行模拟，一种设定临界值 $\alpha=0.5$，另一种设定可行参数组数目 $m=1078$，以观察可行参数组数目相同情况下的改进效果。改进前后模拟情况见表 2-16，第二种情况的改进效果更为明显。1996 年改进前后的模拟情况如图 2-31~图 2-33 所示。跟原结果相比，改进结果显然与实测流量曲线的形状更符合，峰值下端的模拟精度明显提高。

表 2-16　　　　　　　　　改进前后的模拟情况

不同情况	$r^2/\%$	IW	IS
设定 $\alpha=0.5$ 时的原结果	62.33	16.57	0.39
设定 $\alpha=0.5$ 时的改进结果	73.69	24.05	0.71
设定 $m=1078$ 时的改进结果	82.91	9.85	0.82

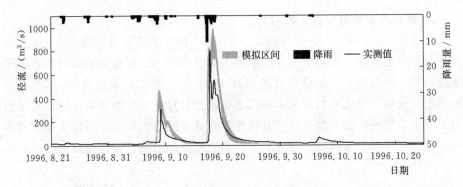

图 2-31 改进前 1996 年的模拟情况

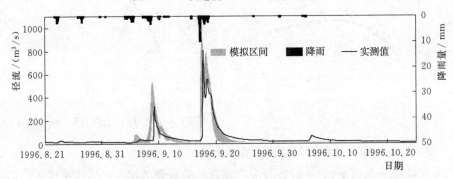

图 2-32 改进后 1996 年的模拟情况（设定 $\alpha=0.5$ 时）

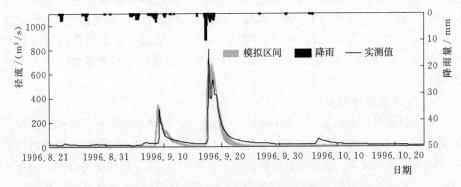

图 2-33 改进后 1996 年的模拟情况（设定 $m=1078$ 时）

（四）结论

将 TOPMODEL 模型，采用 GLUE 方法应用于东湾流域，随着流量放大，得出以下结论。

（1）模拟精度先提高后降低，在径流系数等于 0.5 附近达到最高。

（2）在同样一组参数组中，可行参数组数目增加，高似然值参数更集中，"异参同效"更明显。

根据上述结论，将流量放大改进方法应用到东湾流域，模拟精度得到明显提高。由于本研究采用的是 TOPMODEL 模型，作为具有一定物理基础的"半分式"水文模型，其内部仍存在较大的不确定性，研究结果可能与其内部结构有关，今后仍需进一步研究。

三、似然函数对水文模拟与预测不确定性的影响

本研究以半分布式流域水文模型 TOPMODEL 模型应用于汉江西峡流域为例，基于 GLUE 方法探讨了似然算法、模型参数及预测结果的不确定性。

（一）研究区概况及地形指数的选择

1. 研究区概况及数据

选用河南省西峡流域作为研究对象。西峡流域位于丹江的主要支流老灌河上，流域面积 $3219km^2$。处于亚热带向暖湿带过渡地带，属北亚热带季风区大陆性气候，气候温和，雨量适中，光照充足，年均气温 15.1℃，年均降雨量 800mm 左右，流域内森林茂密，地形起伏，水土流失严重。选用了 1980—1990 年共 11 年的逐日径流、降雨、蒸发资料。各流域特征值和水文情况见表 2-17。

表 2-17　　　　　　　　　流域特征值和水文情况表

流　域	所属水系	面积/km²	年降水/mm	年径流/mm	径流系数	资料长度
西　峡	老灌河	3219	803	264.9	0.33	1980—1990 年

有网格分辨率为 25m×25m 的西峡流域 DEM 数据，将流域分为 3459 行×3950 列，共 13651200 个栅格单元。利用 ARCGIS 的 Hydrology 工具进行数字河网的提取，自动生成流域水系、河网。流域水系图如图 2-34 所示。

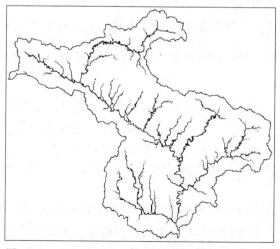

图 2-34　经 ARCGIS 处理提取后的西峡流域水系图

2. 地形指数计算

利用西峡流域的原始 DEM 高程数据通过多流向法程序（Fortran 语言）计算得到地形指数分布图，如图 2-35 所示；再用改进多流向法程序计算得到改进多流向法的地形指数，如图 2-36 所示；分析对比两种方法所得地形指数的统计值，见表 2-18。

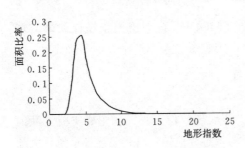

图 2-35　利用多流向法得到的地形指数　　图 2-36　两种流向得到的地形指数对比图

表 2-18　　　　　　两种方法所得地形指数的统计值

方法	最大值	最小值	平均值	方差	变差系数	偏态系数
多流向	21.74	1.41×10^{-3}	5.412	1.625	0.300	1.510
改进多流向	18.89	2.90×10^{-4}	5.399	1.484	0.275	1.182

从表 2-18 可以看出：采用改进的多流向法所得到的地形指数的最大值和最小值比多流向法算得的要小，均值略低于多流向法。之所以出现以上结果，可以从地形指数的物理意义加以解释（Soroohsian 等，1983）。改进的多流向法的地形指数比多流向法多了一项，即 $\ln(\sum_{j=1}^{n}L_j / \sum_{i=1}^{m}K_i)$，地形指数的区域通常位于河道网格中，一般情况下河道网格的入流方向个数大于出流方向个数，即 $\sum_{j=1}^{n}L_j < \sum_{i=1}^{m}K_i$，所以用改进的多流向法得到的地形指数值往往小于多流向法的值。

同时从表 2-18 可看出改进多流向法得出的地形指数离散程度比多流向要小，对称性也比多流向好。解河海、黄国如等研究结果表明，改进的多流向法更加符合地形指数的物理意义，可以更好地反映地形对流域汇流的影响，为地形指数的计算提供更可靠的依据（解河海和黄国如，2006；解河海和黄国如，2007）。

即便如此，在数以百计的研究 TOPMODEL 模型的文献中，人们得出一个共同的结论是，TOPMODEL 模型的模拟结果（比如流量过程线）对流域地貌指数分布曲线的形状并不是很敏感（Franchini 等，1996）。本研究经过模拟结果对比后也发现两种算法得出的似然值和模拟效果极其接近。因此主要用当今的主流算法——多流向法进行计算分析。

（二）似然函数的不确定性分析

1. 似然函数的确定及参数的先验

（1）不同的似然算法。由式（2-35）～式（2-37）可得

$$L_a(\theta_i | Y, Z) = \left(1 - \frac{\sigma_\epsilon^2}{\sigma_0^2}\right)^N = \left\{1 - \frac{\sum\limits_{j=1}^n \left[Q_{\text{sim}(i,j)} - Q_{\text{obs}(j)}\right]^2}{\sum\limits_{j=1}^n \left[Q_{\text{obs}(j)} - \bar{Q}_{\text{obs}}\right]^2}\right\}^N, \sigma_\epsilon^2 < \sigma_0^2$$

$$(2-35)$$

$$L_b(\theta_i | Y, Z) = \left\{\sum\limits_{j=1}^n \left[Q_{\text{sim}(i,j)} - Q_{\text{obs}(j)}\right]^2\right\}^{-N} \qquad (2-36)$$

$$L_c(\theta_i | Y, Z) = \exp\left\{-N \sum\limits_{j=1}^n \left[Q_{\text{sim}(i,j)} - Q_{\text{obs}(j)}\right]^2\right\} \qquad (2-37)$$

式中：θ_i 为第 i 组参数；Y 为对应参数组的取值；Z 为实测值；$Q_{\text{sim}(i,j)}$ 为第 i 组参数在 j 时刻的模拟值；$Q_{\text{obs}(j)}$ 为 j 时刻的观测值；$\bar{Q}_{\text{obs}}$ 为观测值的平均值。为方便区分，姑且简称 L_a 为确定系数，L_b 为残差方差，L_c 为自然指数。

（2）确定参数的初始范围和先验分布函数。本研究选取 TOPMODEL 模型中的 4 个主要参数 S_{zm}、T_0、T_d 和 SR_{max} 进行研究。其中 S_{zm} 表示非饱和区最大蓄水深度；T_0 是饱和导水率；T_d 为重力排水的时间滞时参数；SR_{max} 则是根系区最大容水量。一般不容易确定参数的先验分布形式，往往用均匀分布来代替。利用 Monte-Carlo 随机采样方法获得 65536 组模型的参数值组合，其取值范围见表 2-19。

表 2-19　　　　　　　　参数组取值范围表

参数	最小值	最大值	平均值
S_{zm}/m	0.01	1	0.5
$T_0/(\text{m}^2/\text{h})$	0.01	3	1.5
T_d/h	1	100	50
SR_{max}/m	0.01	0.5	0.25

2. 不同似然算法的似然值

由式（2-3）和式（2-43）可知，当 $N=1$ 时 $L_a(\theta_i | Y, Z)$ 的取值范围是 $0 < L_a < 1$，L_a 值越接近于 1，说明模拟结果与监测曲线的吻合程度越高。可以根据实际要求主观判断目标函数的临界值来确定符合要求的模拟结果。通常认为当 $L_a < 0$ 时，用模拟结果曲线来描述监测曲线是没有意义的。所以，对确定

性系数 L_a 只取范围内的结果为"可接受的"结果。原本 65536 组数据，经过 $L_a > 0$ 的筛选后剩余有 61350 组。

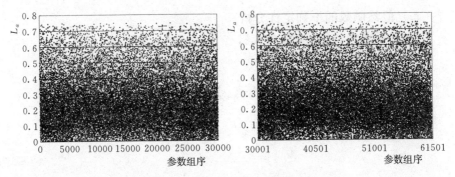

图 2-37　确定系数 L_a 的分布图

由于实测值的方差 σ_0^2 为定值 0.01660942，由公式转换后可知 $L_b = 1/[(1-L_a)\sigma_0^2]^N$，$L_c = \exp[-N(1-L_a)\sigma_0^2]$。可知 L_b 与 L_c 的分布与 L_a（L_a 见图 2-37）相对而言一致。但 L_b 的数值跨度较大（取值范围），高值相对零散，而低值非常集中，如图 2-38 所示。而 L_c 数值跨度较小，形状以及值的集中情况与 L_a 很接近，如图 2-39 所示。

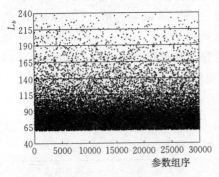

图 2-38　残差方差 L_b 的分布散点图

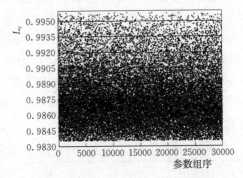

图 2-39　自然指数 L_c 的分布散点图

3. 不同 N 值下的似然值

当 N 取值增大时，可发现 L_a 值变小，且往低值靠拢，跨度变小（图 2-40）；L_b 值变大，跨度变得更大，分布形状变化很大（图 2-41）；L_c 的分布仍较稳定，值稍微变小，跨度稍微变大，形状没什么变化（图 2-42）。

由图 2-40～图 2-42 可见当 N 值变化时，L_a 与 L_b 分布形状的变化很大，而 L_c 变化较小，较稳定。另外当 N=1 时 L_a 与 L_c 的分布形状最接近，当 N 变大时，反而是 L_a 与 L_b 更接近，N 越大，两者分布形状更接近。

有一点要说明的是 N 值为 1 时，有 4186 个 L_a 的值是小于 0 的，有很多都小

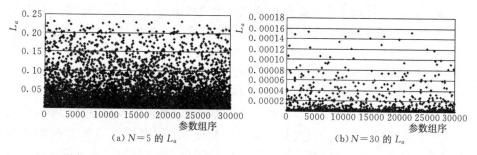

图 2-40　不同 N 值下的确定性系数 L_a 分布散点图 （$N=5$，$N=30$）

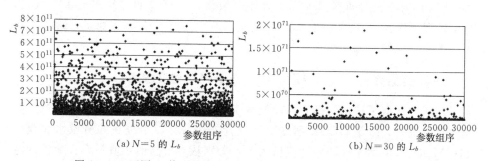

图 2-41　不同 N 值下的残差方差 L_b 分布散点图 （$N=5$，$N=30$）

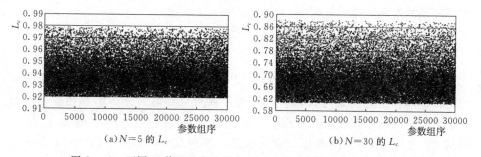

图 2-42　不同 N 值下的自然指数 L_c 分布散点图 （$N=5$，$N=30$）

于 -1，甚至有小于 -100 的。本来这说明模拟值与实测值间的残差平方和很大，即产生了很大的误差。但若没提前筛选掉，当 N 为偶数值时，很多原先负值的确定性系数就会变为正，有的大于 1，有的跟模拟效果好的似然值很接近，这样会造成一些误差很大的参数组及模拟值，使模拟效果大打折扣，降低预报精度。而对于 $L_a<0$ 时所对应的 L_b 与 L_c 值，都比 $L_a=0$ 时对应的 L_b 与 L_c 小，且大于 0（由 L_b 与 L_c 函数性质可得）。这样即使 N 次方后，这些值对于阈值筛选没有影响（比如取同等标准 $N=1$，$L_a>0.6$ 时，$L_b>1/[(1-0.6)\times 0.01660942]=150.517$，$L_c>-\exp[(1-0.6)\times 0.01660942]=0.993378253$，而 4186 个对应的似然值都小于这些似然标准值；N 次方后，4186 个对应的似然值仍会小于 L_b、L_c 标准的 N 次方值）。因此本研究没有将这 4186 个模拟结果列进图表。

因此，当选择确定性系数 L_a 的偶次方为似然函数时，应注意将 $N=1$ 的 L_a 中小于 0 的 L_a 值剔除掉。但这种情况下，N 值的变化导致似然值的变化其实只是数值上处理的结果（Beven 和 Freer，2001；Nelson，1999）。然而，模型的不确定性仍然存在，这并不能减少模型的不确定性。由于三者分布的高值与低值差距、L_b 和 L_c 的跨度被拉大，在选择阈值时易产生偏差，有可能减少有效参数组，从而可能过低估计模型参数的不确定性（林凯荣和陈晓宏，2009）。

至于似然算法方面，可发现，如果定的标准都一样时，只要 L_c 的似然值小数位保留多一些，选择哪一个的效果是一样的。如果按照图表主观选择，当 $N=1$ 时，则跨度大的容易少选了有效参数组，跨度小的容易多选了参数组，这种情况下选择 L_a 效果好些。当 N 值越大时，只有 L_c 分布较稳定，跨度变化不会太大，选择 L_c 效果好些。

四、模型参数对水文模拟与预测不确定性的影响

本研究选取了选用河南省西峡流域 1980—1990 年共 11 年的逐日径流、降雨、蒸发资料。基于 GLUE 不确定性估计方法，并以半分布式流域水文模型 TOPMODEL 应用于汉江西峡流域为例，分别从参数与似然值关系、参数的相关性、参数的异参同效现象以及参数的累积分布等方面探讨了模型参数对水文模拟与预测不确定性的影响。

(一) 模型参数的不确定性分析

1. 参数与似然值关系

$N=1$ 时，由于原本一组参数组以及一个似然函数算法都只对应一个似然值，而似然算法之间又可以转换，故而参数与似然值的分布图都还算是一致的，它们之间的差别就跟参数组序与似然值关系图的差别一样，都是 L_a 与 L_c 最接近（形状一样），两者与 L_b 也较接近。当 N 值变大时，它们之间的差别也跟参数组序与似然值关系图（$N>1$）的差别一样，都是 L_a 与 L_b 最接近，两者与 L_c 很不相同。做出的图表也证明了这一结论。

当 $N=30$ 时，由参数与似然值关系散点图（图 2-43～图 2-47）可知，每个图都有密集区域，同时参数取值范围缩小（没覆盖均匀分布时的整个区间）。S_{zm} 在区间 [0.085，1] 时，似然值对 S_{zm} 并不敏感，也都有高似然的取值，T_0 在 [0，2.25] 时，似然值同样高值平稳，但 $T_0>2.25$ 后，似然值急剧下降，后面的取值都很低。T_d 从 1 开始，似然值高值对 T_d 并不怎么敏感，当 T_d 大于中间值 50 时，似然值的高值个数变少，0.6 以上的似然值较零散。而参数 SR_{max} 就很敏感，可显示出明显的峰值区域，大于 0.6 的峰值区域主要在 SR_{max} 的 [0.04，0.39] 区间内。当 N 变大时，L_a 与 L_b 敏感度也变化很大，峰值变得更突出，所有的参数也变得非常敏感；但 L_c 形状并没随着 N 值的变

化而变化，只是似然值的跨度变大不多而已，其参数敏感性与 $N=1$ 时相同。

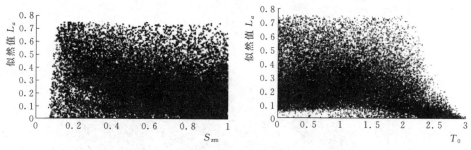

图 2-43　S_{zm} 与确定性系数 L_a 关系散点图　　图 2-44　T_0 与确定性系数 L_a 关系散点图

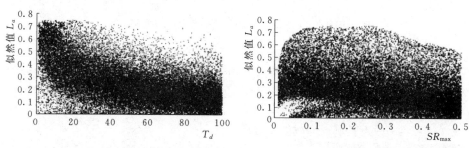

图 2-45　T_d 与确定性系数 L_a 关系散点图　　图 2-46　SR_{max} 与确定性系数 L_a 关系散点图

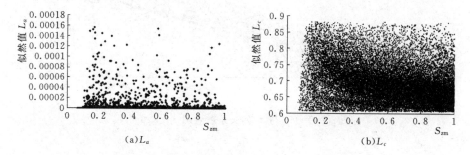

(a)L_a　　　　　　　　　　　(b)L_c

图 2-47　S_{zm} 与 $N=30$ 下的 L_a、L_c 关系散点图

2. 参数的相关性

参数空间分布的复杂性与相关性正是参数不确定性存在的主要原因之一。根据式（2-22），参数 S_{zm} 和 T_0 之间可能存在相关性。首先画出 S_{zm} 和 T_0 的似然函数联合分布图 2-48，为清晰起见，只随机选取了 1000 个点。图中气泡大小与对应该点的似然值大小成正比。

接着采用传统的 GLUE 方法获得高于似然函数阈值（取 Nash-Sutcliffe 确定性系数 0.6 和 0.7 为阈值）的所有参数组合，进行参数之间的相关性分析，发现参数 S_{zm} 和 T_0 之间确实存在着相关性（林凯荣与陈晓宏，2009）。其他的参数组合通过画图可发现没有相关性。

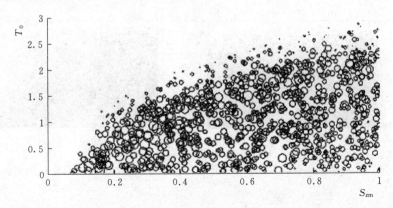

图 2-48　S_{zm} 与 T_0 的似然函数联合分布图

如图 2-49、图 2-50 所示，当 $L_a > 0.6$ 时，拟合其趋势的直线方程是 $y_1 = 1.805x + 0.0537$，S_{zm} 和 T_0 两者的相关系数是 $R^2 = 0.5975$。拟合其趋势的对线方程是 $y_2 = 0.7597\ln x + 1.5928$，$S_{zm}$ 和 T_0 两者的相关系数是 $R^2 = 0.6104$。

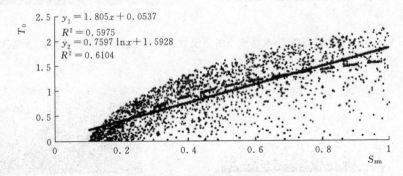

图 2-49　S_{zm} 与 T_0 的关系散点图（$L_a > 0.6$）

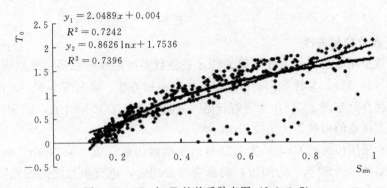

图 2-50　S_{zm} 与 T_0 的关系散点图（$L_a > 0.7$）

$L_a > 0.7$ 时，拟合其趋势的直线方程是 $y_1 = 2.0489x + 0.004$ ，S_{zm} 和 T_0 两者的相关系数是 $R^2 = 0.7242$。拟合其趋势的对线方程是 $y_2 = 0.8626\ln x + 1.7536$ ，S_{zm} 和 T_0 两者的相关系数是 $R^2 = 0.7396$。

3．"异参同效"现象

经过对似然函数排序后高值部分的相同值进行分析，发现有同效现象的存在，其个数主要跟保留的有效数字位数有很大关系，保留位数越小，异参同效组数越多。另外发现由于 L_c 跨度最小，其同效组数最多；L_a 次之；而 L_b 由于跨度最大，同效组数最少同时也很少。列举部分见表 2-20。

表 2-20　　　　　　　　　　"异参同效"现象例子

S_{zm}	T_0	T_d	SR_{max}	L_a	L_b	L_c
0.3235	0.6553	10.9451	0.1247	0.72827	221.5679	0.995497
0.7774	1.4071	3.3127	0.2474	0.72826	221.5612	0.995497
0.3926	1.1496	7.5405	0.2664	0.71915	214.3761	0.995346
0.7553	1.7242	4.0547	0.2087	0.71915	214.3707	0.995346
0.4258	0.9111	9.8290	0.1451	0.71721	212.9063	0.995314
0.6942	1.5816	6.6645	0.1946	0.71721	212.9053	0.995314
0.3193	0.5157	7.3568	0.2702	0.71707	212.8003	0.995312
0.9607	1.9653	4.1366	0.2794	0.71707	212.7980	0.995312
0.4127	1.1803	11.3589	0.2471	0.71576	211.8143	0.995290
0.5211	1.2205	8.5479	0.0809	0.71575	211.8065	0.995290

4．参数累积分布

利用可接受参数的分布与原始分布的对比进行灵敏度分析，GLUE 方法也可利用累积似然度进行全局性灵敏度分析。如果参数对目标函数没有显著影响，那么参数似然度的分布应接近于原始分布，即均匀分布；如果参数取值对似然度的影响较大，则参数累积似然度的分布与原始分布相差较大（邓义祥和王琦，2003）。

取阈值为 0.7 时，参数组只有 379 组；阈值为 0.6 时，可得参数组 2147 组。故取 $L_a > 0.6$ 的参数组分析各个参数的累积分布与先验分布比较。由图 2-51 可知 T_d 对目标函数有显著影响，其他的影响不大。因此在参数率定中要对 T_d 加以重视。

（二）模型不确定性结果分析

针对参数组的似然判据值进行加权，并根据权重系数确定参数在其分布空间的概率密度，权重系数大的参数值组贡献应该更大一些。然后依据似然值的大小排序，估算出一定置信水平的模型预报不确定性的时间序列。

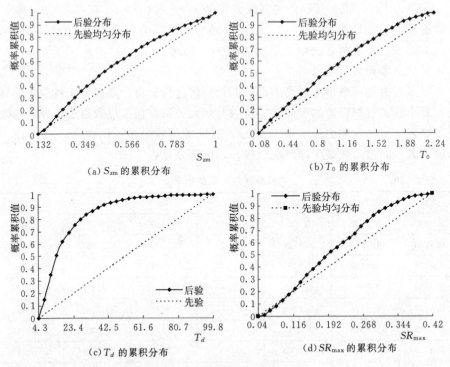

图 2-51　各参数的累积分布图

1. 预测区间的性质评价

采用预测区间观测值的覆盖率、预测区间宽度、区间对称性等公式对模型不确定性结果进行评价，即式（2-9）～式（2-12）。

用于水文预报时，主要是预报其洪水流量。因此为求区间的性质预测估计，须将基流部分的流量值去掉。根据西峡情况及经验，选取实测净流深大于 0.001m（流量为 37.25694m³/s）的实测值与模拟值的上下限，共有 617 组数据。当取不同阈值时其区间性质见表 2-21。

表 2-21　　　　　　　　　不同阈值下预测区间性质统计

L_a 阈值	$J[Q_{obs,t}]$	区间覆盖率 CR	区间宽度 Iw	区间对称性 IS
0.50	463	0.7504052	0.004507093	100/54=1.851852
0.60	415	0.6726094	0.003959584	122/80=1.525
0.70	303	0.4910859	0.002628798	179/135=1.325926
0.7（改进多流向法）	304	0.4927067	0.002618686	179/134=1.335821

由表 2-21 可知，区间对称性 IS 都大于 1，说明预测区间都偏低。随着似然判据临界值（阈值）的增大，区间覆盖率降低，区间宽度也变小，说明预测

流量的不确定范围逐渐变小；但区间对称性变好，即拟合程度越好。

但同时发现区间覆盖率都不高（不同实测流量阈值也是同样的问题），特别是阈值取 0.7 的情况。原因可能为：TOPMODEL 模型的产流机制是蓄满产流，适用于湿润地区，而西峡处于亚热带向暖湿带过渡地带，属北亚热带季风区大陆性气候，从实测资料可看出西峡的流量大多都较低。还有模型中初始壤中流流量 Q_0 和初始含水量 SR_0 都是经验值，一般定得比较低，也算是一种误差，在久经干旱后的洪水计算时造成上限仍很低的结果。因而导致实测流量大多比模拟值的上限要高。另外当阈值取 0.7 时，似然值非常接近的只有 379 个，排序归一化，再利用对应模拟流量按权重来排序后取 90% 的置信区间，可发现预测区间的宽度较小，很多实测流量超出了预测区间，覆盖率也因而较低。

表 2-22 能更好说明其区间对称性：当阈值增大时，上限值变小，下限值变大，两者都越靠近实测值，同时各自的方差变小，即离散程度变小。

表 2-22　　　　　　　　　　　不同阈值下模拟预测边界值

L_a阈值	边界值	总和	均值	方差
实测值		2.099356	0.00340252	0.0042489
0.50	上限值	3.523177	0.00571017	0.0056021
	下限值	0.742302	0.00120308	0.0056134
0.60	上限值	3.417232	0.00553846	0.0057167
	下限值	0.974167	0.00157888	0.0057380
0.70	上限值	2.975355	0.00482229	0.0054183
	下限值	1.353385	0.00219349	0.0054666
0.7（改进多流向法）	上限值	2.972886	0.00481829	0.0054102
	下限值	1.357157	0.00219961	0.0054585

这说明选定一个合适的临界值比较重要：临界值小，不确定范围大，不利于作出决策；反之，临界值大，不确定范围小，但预测区间的可靠性降低（刘娜，2009）。

同时可发现改进多流向法与多流向法两种算法得出的预测区间性质很接近，TOPMODEL 的模拟结果（比如流量过程线）对它们并不敏感。这也验证了前面的观点。

2. 模拟的不确定性结果分析

由图 2-52 可知，当确定性系数 L_a 阈值取 0.7 时的区间宽度略小于 0.6，覆盖率也略低，模拟效果不理想，特别在 24～30d 之间。而阈值取 0.6 时，模拟效果较理想，能较好地包含实测值。因此应选用 0.6 作为西峡流域确定性系

数 L_a 的阈值。

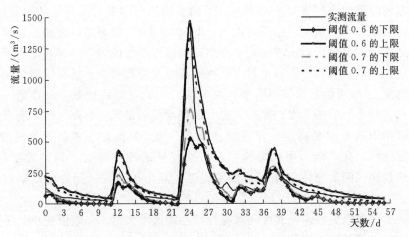

图 2-52　95％置信水平的模型预报的不确定性区间（1983 年 9 月 11 日至 11 月 6 日）

综合整个长期的模拟效果看，模拟的流量界限并不能完全包含实测流量过程，总有一些实测流量落在 90％的置信区间之外，特别是在流量值的低值区域，这可能是多种因素共同作用所致，具体可能包括以下原因（黄国如和解河海，2007）。

（1）流域水文模型本身的影响。在 TOPMODEL 模型中，尽管以地形为基础，考虑了不同地形分布对产汇流的影响，但基于地形指数的产汇流模式是根据地形指数的统计曲线进行的。另外，模拟中没有考虑降雨分布的不均匀性对流域产汇流的影响，仅利用面平均雨量作为降雨输入。

（2）参数先验分布的影响。由于对所研究的模型参数的先验分布不是很了解，只是简单地用均匀分布来生成模型参数，因此也会引起预测结果的不确定性。

（3）Monte-Carlo 取样的影响。尽管 Monte-Carlo 参数值采样方法可以克服自动搜索、随机搜索、试错搜索等寻优方法在水文模型高维参数空间的一些缺陷，但对于具有多个参数的模型结构，参数的组合方式非常多，常常需要几万次或几十万次，甚至上百万次的参数取样，所消耗的计算资源非常多。有时模拟的洪水过程很长，如果取样很大，程序运行所需要的时间将会很长，因此在模拟中用了 6 万组参数组，可能还不够充足。

（三）主要研究结论

根据上述分析及讨论，可得到以下主要结论。

（1）N 值变化引起不同似然函数分布的变化，也影响参数与似然值的关系分布图。$N=1$ 时 L_a 与 L_c 的分布形状最接近，而 L_b 的数值跨度较大，高值相对零散，而低值非常集中。当 N 值变化时，L_a 与 L_b 的分布形状变化很大，而 L_c 变化较小，较稳定。当 N 变大时，反而是 L_a 与 L_b 更接近，N 越大，两者分布形状更接近。另外参数与似然值的关系分布图跟参数组序与似然值关系图的差别一样。

（2）N 值变化对根据似然预值筛选似然值没有影响，N 值的变化导致似然值的变化实质上只是数值上处理的结果。然而，模型的不确定性仍然存在，这并不能减少模型的不确定性。由于三者分布的高值与低值差距、L_b 和 L_c 的跨度被拉大，在选择阈值时易产生偏差，有可能减少有效参数组，从而可能过低估计模型参数的不确定性。

（3）当 $N=1$ 时，似然值对 S_{zm} 并不敏感，T_d 从 1 开始，似然值高值对 T_d 并不怎么敏感，当 T_d 大于中间值时，似然值的高值个数变少。似然值对 T_0 较敏感，当 T_0 大于某一值后，似然值急剧下降，后面的取值都很低。似然值对参数 SR_{max} 很敏感，可显示出明显的峰值区域。当 N 变大时，L_a 与 L_b 敏感度也变化很大，峰值变得更突出，所有的参数也变得非常敏感；但 L_c 形状并没随着 N 值的变化而变化，只是似然值的跨度变大不多而已，其参数敏感性与 $N=1$ 时相同。各参数的累积分布可看出 T_d 对目标函数有显著影响，其他的影响不大。

（4）发现参数 S_{zm} 和 T_0 之间确实存在着相关性，对数曲线拟合效果比直线拟合略好，两者的相关系数都较高。

（5）存在异参同效现象，其个数主要跟保留的有效数字位数有很大关系，保留位数越小，异参同效组数越多。另外发现由于 L_c 跨度最小，其同效组数最多；L_a 次之；而 L_b 由于跨度最大，同效组数最少同时也很少。

（6）不同似然值所得出的预测区间性质不同。区间对称性 IS 都大于 1，说明预测区间都偏低。随着似然判据临界值（阈值）的增大，区间覆盖率降低，区间宽度也变小，说明预测流量的不确定范围逐渐变小；但区间对称性变好，即拟合程度越好。

（7）临界值小，不确定范围大，不利于做出决策；反之，临界值大，不确定范围小，但预测区间的可靠性降低。当确定性系数 L_a 阈值取 0.7 时的区间宽度略小于 0.6，覆盖率也略低，模拟效果不理想。而阈值取 0.6 时，模拟效果较理想，能较好地包含实测值。因此应选用 0.6 作为西峡流域确定性系数 L_a 的阈值。

（8）综合整个长期的模拟效果看，模拟的流量界限并不能完全包含实测流量过程，总有一些实测流量落在 90% 的置信区间之外，特别是在流量值的低值区域。

参 考 文 献

[1] 曹飞凤，张世强，许月萍，等．基于 SCEM－UA 算法和全局敏感性分析的水文模型参数优选不确定性研究 [J]．中山大学学报（自然科学版），2011，50（2）：120－126．

[2] 陈守煜，李庆国，李敏．基于模糊优选神经网络与 GIS 结合的流域面雨量预测方法 [J]．北京工业大学学报，2009，35（2）：24－29．

[3] 陈守煜．模糊水文学与水资源系统模糊优化原理 [M]．大连：大连理工大学出版社，1990．

[4] 邓义祥，王琦，赖斯芸，等．优化、RSA 和 GLUE 方法在非线性环境模型参数识别中的比较 [J]．环境科学，2003，24（6）：9－15．

[5] 顾超，谭畅．在新安江模型研究与应用上的改进 SCEM－UA 算法 [J]．计算机仿真，2014，31（3）：279－282．

[6] 黄国如，解河海．基于 GLUE 方法的流域水文模型的不确定性分析 [J]．华南理工大学学报（自然科学版），2007，35（3）：137－142．

[7] 蒋燕．TOPMODEL 在九洲流域的应用 [J]．中国科技论文，2008．

[8] 李杰友，王佩兰．新丰江和枫树坝水库实时洪水预报模型 [J]．水文，1996（4）：17－20．

[9] 李胜，梁忠民．GLUE 方法分析新安江模型参数不确定性的应用研究 [J]．东北水利水电，2006，24（2）：31－33．

[10] 林凯荣，陈晓宏，江涛．基于 Copula－Glue 的水文模型参数不确定性研究 [J]．中山大学学报：自然科学版，2009，48（3）：109－115．

[11] 林凯荣，郭生练，陈华，等．基于 DEM 的汉中流域水文过程分布式模拟 [J]．人民长江，2008，39（11）：18－20．

[12] 林凯荣，刘珊珊，陈华，等．DEM 网格尺度对水文模拟影响的研究 [J]．水力发电，2007，33（12）：12－14．

[13] 林凯荣．数字水文模拟与基流分割方法研究 [D]．武汉：武汉大学，2007．

[14] 刘昌明，夏军，郭生练，等．黄河流域分布式水文模型初步研究与进展 [J]．水科学进展，2004，15（4）：495－500．

[15] 刘娜．GLUE 方法对新安江模型参数的敏感性分析 [J/OL]．中国科技论文在线，2009.4.30：1－5. 2017.10. http：//www. paper. edu. cn．

[16] 刘佩贵，束龙仓．傍河水源地地下水水流数值模拟的不确定性 [J]．吉林大学学报（地），2008，38（4）：639－643．

[17] 陆乐，吴吉春，陈景雅．基于贝叶斯方法的水文地质参数识别 [J]．水文地质工程地质，2008，35（5）：58－63．

[18] 雒征，林凯荣．模糊优化在水文模拟评价中的应用 [J]．中国农村水利水电，2006（4）：45－48．

[19] 莫兴国，刘苏峡．GLUE 方法及其在水文不确定性分析中的应用 [C]．全国水问题

研究学术研讨会，2004.

[20] 潘理中，芮孝芳．水电站水库优化调度研究的若干进展 [J]．水文，1999 (6)：37-40.

[21] 芮孝芳，刘方贵，邢贞相．水文学的发展及其所面临的若干前沿科学问题 [J]．水利水电科技进展，2007，27 (1)：75-79.

[22] 束龙仓，朱元生，孙庆义，等．地下水资源评价结果的可靠性探讨 [J]．水科学进展，2000，11 (1)：21-24.

[23] 宋晓猛．流域水文模型参数不确定性量化理论方法与应用 [M]．北京：中国水利水电出版社，2014.

[24] 宋晓猛，占车生，孔凡哲，等．大尺度水循环模拟系统不确定性研究进展 [J]．地理学报，2011，66 (3)：396-406.

[25] 汤国安，赵牡丹，李天文，等．DEM 提取黄土高原地面坡度的不确定性 [J]．地理学报，2003，58 (6)：824-830.

[26] 王建平，程声通，贾海峰．基于 MCMC 法的水质模型参数不确定性研究 [J]．环境科学，2006，27 (1)：24-30.

[27] 王书功．水文模型参数估计方法及参数估计不确定性研究 [D]．兰州：中国科学院寒区旱区环境与工程研究所，2006.

[28] 王文圣，金菊良，李跃清．水文随机模拟进展 [J]．水科学进展，2007，18 (5)：768-775.

[29] 卫晓婧，熊立华，万民，等．融合马尔科夫链-蒙特卡洛算法的改进通用似然不确定性估计方法在流域水文模型中的应用 [J]．水利学报，2009，40 (4)：464-480.

[30] 卫晓婧，熊立华．改进的 GLUE 方法在水文模型不确定性研究中的应用 [J]．水利水电快报，2008，29 (6)：23-25.

[31] 吴佳文，王丽学，汪可欣．粗糙集理论在年径流预测中的应用 [J]．节水灌溉，2008 (4)：35-37.

[32] 吴险峰，刘昌明．流域水文模型研究的若干进展 [J]．地理科学进展，2002，21 (4)：341-348.

[33] 肖义，郭生练，熊立华，等．一种新的洪水过程随机模拟方法研究 [J]．四川大学学报：工程科学版，2007，39 (2)：55-60.

[34] 解河海，黄国如．地形指数若干计算方法探讨 [J]．河海大学学报（自然科学版），2006，34 (1)：46-50.

[35] 解河海，郝振纯，黄国如，等．地形指数算法对 TOPMODEL 模拟精度的影响 [J]．水利水电技术，2007，38 (8)：19-22.

[36] 熊立华，郭生练，肖义，等．Copula 联结函数在多变量水文频率分析中的应用 [J]．武汉大学学报（工学版），2005，38 (6)：16-19.

[37] 熊立华，郭生练．分布式流域水文模型 [M]．北京：中国水利水电出版社，2004.

[38] 严登华，袁喆，王浩，等．水文学确定性和不确定性方法及其集合研究进展 [J]．水利学报，2013，44 (1)：73-82.

[39] 姚锡良，黄国如，林凯荣．利用 GLUE 方法不同算法分析 TOPMODEL 模型不确定性 [J]．广东水利水电，2014 (2)：1-6.

[40] 叶守泽，夏军．水文科学研究的世纪回眸与展望 [J]．水科学进展，2002，13 (1)：

93 - 104.

[41] 尹雄锐,夏军,张翔,等. 水文模拟与预测中的不确定性研究现状与展望 [J]. 水力发电, 2006, 32 (10): 27 - 31.

[42] 张瑞勋,张涛,雒文生. 考虑上游水利工程影响的枫树坝水库洪水分析 [J]. 中国农村水利水电, 2008 (8): 29 - 31.

[43] Aronica G, Hankin B, Beven K. Uncertainty and equifinality in calibrating distributed roughness coefficients in a flood propagation model with limited data [J]. Advances in water resources, 1998, 22 (4): 349 - 365.

[44] Beck M B. Water quality modeling: a review of the analysis of uncertainty [J]. Water Resources Research, 1987, 23 (8): 1393 - 1442.

[45] Bentley L R. Solving and calibrating groundwater flow systems with the penalty method [C] //Stochastic and statistical methods in Hydrology and Environmental Engineering. Berlin Springer, 1994: 55 - 67.

[46] Beven K, Binley A. The future of distributed models: model calibration and uncertainty prediction [J]. Hydrological processes, 1992, 6 (3): 279 - 298.

[47] Beven K, Freer J. Equifinality, data assimilation, and uncertainty estimation in mechanistic modelling of complex environmental systems using the GLUE methodology [J]. Journal of hydrology, 2001, 249 (1): 11 - 29.

[48] Blasone R S, Vrugt J A, Madsen H, et al. Generalized likelihood uncertainty estimation (GLUE) using adaptive Markov Chain Monte Carlo sampling [J]. Advances in Water Resources, 2008, 31 (4): 630 - 648.

[49] Brazier R E, Beven K J, Freer J, et al. Equifinality and uncertainty in physically based soil erosion models: application of the GLUE methodology to WEPP-the Water Erosion Prediction Project-for sites in the UK and USA [J]. Earth Surface Processes and Landforms, 2000, 25 (8): 825 - 845.

[50] Choi J, Harvey J W, Conklin M H. Use of multi - parameter sensitivity analysis to determine relative importance of factors influencing natural attenuation of mining contaminants [J]. US Geological Survey Water - Resources Investigations Program, Report, 1999.

[51] Cloke H L, Pappenberger F, Renaud J P. Multi - method global sensitivity analysis (MMGSA) for modelling floodplain hydrological processes [J]. Hydrological processes, 2008, 22 (11): 1660 - 1674.

[52] Franchini M, Wendling J, Obled C, et al. Physical interpretation and sensitivity analysis of the TOPMODEL [J]. Journal of Hydrology, 1996, 175 (1 - 4): 293 - 338.

[53] Freer J, Beven K, Ambroise B. Bayesian estimation of uncertainty in runoff prediction and the value of data: An application of the GLUE approach [J]. Water Resources Research, 1996, 32 (7): 2161 - 2173.

[54] Gallart F, Latron J, Llorens P, et al. Using internal catchment information to reduce the uncertainty of discharge and baseflow predictions [J]. Advances in Water Resources, 2007, 30 (4): 808 - 823.

[55] Haan C T. Statistical methods in hydrology [M]. Iowa State: The Iowa State Uni-

versity Press, 2002.

[56] Heemink A W, Boogaard H F P V D. Identification of Stochastic Dispersion Models [C] // Stochastic and Statistical Methods in Hydrology and Environmental Engineering. Berlin Springer, 1994: 41 – 54.

[57] Hornberger G M, Spear R C. Approach to the preliminary analysis of environmental systems [J]. J. Environ. Mgmt., 1981, 12 (1): 7 – 18.

[58] Huang Y, Chen X, Li Y P, et al. A fuzzy-based simulation method for modelling hydrological processes under uncertainty [J]. Hydrological processes, 2010, 24 (25): 3718 – 3732.

[59] Krzysztofowicz R, Maranzano C J. Bayesian system for probabilistic stage transition forecasting [J]. Journal of Hydrology, 2004, 299 (1): 15 – 44.

[60] Marshall L, Nott D, Sharma A. A comparative study of Markov chain Monte Carlo methods for conceptual rainfall-runoff modeling [J]. Water Resources Research, 2004, 40 (2): 183 – 188.

[61] Martz L W, Garbrecht J. Numerical definition of drainage network and subcatchment areas from Digital Elevation Models [J]. Computers & Geosciences, 1992, 18 (6): 747 – 761.

[62] Montanari A. Large sample behaviors of the generalized likelihood uncertainty estimation (GLUE) in assessing the uncertainty of rainfall-runoff simulations [J]. Water Resources Research, 2005, 41 (8): 224 – 236.

[63] Nelsen B. An Introduction to Copulas [M]. Berlin: Springer, 2006.

[64] Renard B, Kavetski D, Kuczera G, et al. Understanding predictive uncertainty in hydrologic modeling: the challenge of identifying input and structural errors [J]. Water Resources Research, 2010, 46 (5): 1187 – 1191.

[65] Salvadori G, Michele C D. Frequency analysis via copulas: Theoretical aspects and applications to hydrological events [J]. Water Resources Research, 2004, 40 (12): 229 – 244.

[66] Sivapalan M, Takeuchi K, Franks S W, et al. IAHS Decade on Predictions in Ungauged Basins (PUB), 2003—2012: Shaping an exciting future for the hydrological sciences [J]. Hydrological sciences journal, 2003, 48 (6): 857 – 880.

[67] Sørensen R, Seibert J. Effects of DEM resolution on the calculation of topographical indices: TWI and its components [J]. Journal of Hydrology, 2007, 347 (1 – 2): 79 – 89.

[68] Sorooshian S, Gupta V K, Fulton J L. Evaluation of Maximum Likelihood Parameter estimation techniques for conceptual rainfall-runoff models: Influence of calibration data variability and length on model credibility [J]. Water Resources Research, 1983, 19 (1): 251 – 259.

[69] Tiwari J L, Hobbie J E, Peterson B J. Random differential equations as models of ecosystems – III. bayesian inference for parameters [J]. Mathematical Biosciences, 1978, 38 (3): 247 – 258.

[70] Vrugt J A, Gupta H V, Bouten W, et al. A shuffled complex evolution metropolis al-

gorithm for optimization and uncertainty assessment of hydrologic model parameters [J]. Water Resources Research，2003，39 (8)：113－117.

[71]　Vrugt J A，Braak C J F T，Clark M P，et al. Treatment of input uncertainty in hydrologic modeling：Doing hydrology backward with Markov chain Monte Carlo simulation [J]. Water Resources Research，2008，44 (12)：5121－5127.

[72]　Xiong L，O'Connor K M. An empirical method to improve the prediction limits of the GLUE methodology in rainfall-runoff modeling [J]. Journal of Hydrology，2008，349 (1－2)：115－124.

[73]　Xiong L，Guo S. Effects of the catchment runoff coefficient on the performance of TOPMODEL in rainfall-runoff modelling [J]. Hydrological Processes，2004，18 (10)：1823－1836.

[74]　Yang J，Reichert P，Abbaspour K C，et al. Comparing uncertainty analysis techniques for a SWAT application to the Chaohe Basin in China [J]. Journal of Hydrology，2008，358 (1)：1－23.

第三章

水文模拟不确定性的控制与弱化

不确定性问题的深入研究必将进一步推动水文科学进入精细模拟和精确预报的新阶段，具有重要的基础理论研究价值和实际应用价值。弱化水文模拟与预报的不确定性的有效途径之一是充分利用已有数据，同时引入新数据源。但很多流域没有条件引入新数据源，尤其是缺资料地区。然而，这种不确定性是可以通过充分挖掘已有数据信息来避免的。为此本研究提出了水文过程分类、分水源比较和内部节点验证的新方法，在一定程度上弱化水文模拟与预报中的不确定性。

第一节 水 文 过 程 聚 类

本研究引入模糊 C -均值聚类（FCM）方法对水文过程进行分类，结合 SCEMUA 方法，建立基于 FCM - SCEMUA 的水文模型参数不确定性分析方法，选择南水北调水源区所在的汉江上游的江口流域，以新安江模型为例进行了实例研究。结果表明，FCM - SCEMUA 方法通过对不同分类的似然函数分别设置阈值，在阈值同样为 70％ 的情况下，所得到的有效参数组比 SCEMUA 方法得到的减少了 64.8％ 的不合理参数组，所推求的参数后验分布更能够朝着高概率密度区进化，推导出更加合理的水文模型参数的后验分布，从而得到更加合理的预测区间，有效地减少了水文模拟与预测的不确定性。

目前不确定性研究大多比较关注如何估计水文模拟与预报的不确定性方面，事实上研究不确定性的最终目的应该是寻求减少水文模拟与预报中不确定性的方法和手段，从而提高水文预报的准确性和可靠性，以便为防汛和水资源管理决策提供更加准确可靠的依据。国际水文科学协会（IAHS）于 2003 年 7 月在日本札幌召开的第 23 届国际地球物理和大地测量大会上，正式启动了国际水文计划 PUB（prediction in ungauged basins）的，大力开展无资料地区的水文研究。该计划以减少水文预报中的不确定性为核心，旨在探索水文模拟的新方法、实现水文理论的重大突破，并极大地满足特别是发展中国家的生产和社会需要（Sivapalan 等，2003）。

减少水文模拟与预报的不确定性的有效途径之一就是充分利用已有数据，同时引入新数据源。在没有新数据源的时候，就只有最大程度挖掘现有的数据中有用的信息。Gupta 与 Sorooshian 认为数据包含的信息多少取决于水文过程的变幅，如果数据涵盖了丰水、中水、枯水年，则认为数据中包含的水文信息较多（Gupta 和 Sorooshian，1985）。事实上，水文过程不仅有丰水、中水、枯水年，而且大都表现出很明显的季节性，在每年中也有汛期和枯水期。目前的不确定性估计方法往往把这些信息放在一起综合考虑，这样的结果就有可能是汛期的模拟结果很好，枯水期模拟的不好，但总体效果很好；或者是枯水期的模拟结果很好，汛期模拟的不好，但总体效果也很好，也就是在一定程度上增加了水文模拟与预报的不确定性。但是这种不确定性是可以通过充分挖掘已有数据信息来避免的，为此本研究引入 FCM 方法对水文过程进行分类，结合 SCEMUA（the shuffled complex evolution metropolis algorithm）方法，建立基于 FCM - SCEMUA 的水文模型不确定性估计方法，寻求在一定程度上减少水文模拟与预报中的不确定性。

一、方法介绍

1. FCM 方法

FCM 方法是一种无监督的聚类算法，能够直接给出分类结果并且具有算法简单收敛速度快且能处理大数据集的优点，因而得到了广泛的应用（汪丽娜等，2009）。FCM 方法的核心是通过最小化聚类损失函数 [式（3-1）] 寻求最佳的分类。为了确定最佳分类个数，可以通过比较最优分类方案的分类有效指数（Xie 和 Beni，1991）[式（3-2）] 来确定。也就是说，首先把分类个数设为 2，3，4，…，比较最优分类方案的分类有效指数值，当分类有效指数值最小时，即为最佳分类个数。

$$J(U,V) = \sum_{i=1}^{c} \sum_{j=1}^{n} (u_{ij})^2 \parallel x_j - v_i \parallel^2 \tag{3-1}$$

$$VI(U,V) = \frac{\sum_{i=1}^{c} \sum_{j=1}^{n} (u_{ij})^2 \parallel x_j - v_i \parallel^2}{n(\min_{i \neq k} \parallel v_i - v_k \parallel^2)} \tag{3-2}$$

式中：$X = \{x_1, x_2, \cdots, x_n\}$ 为样本序列；n 为样本序列的长度，这里具体指的是月份数；$U = \{u_{ij}; i = 1, \cdots, c; j = 1, \cdots, n\}$ 为隶属度函数；$V = \{v_1, v_2, \cdots, v_c\}$ 为聚类中心；c 为分类个数；聚类中心的计算表达式如下。

$$R^2 = \left[1 - \frac{\sum (Q_i - Q_i)^2}{\sum (Q_i - \bar{Q})^2} \right] \times 100\% \tag{3-3}$$

2. SCEMUA 方法

MCMC（markov chain monte carlo）方法是为了获得参数后验分布一系列后验量而发展起来的一种行之有效的计算方法；而 SCEMUA 方法是 Duan 等于 1992 年提出的是一种解决非线性约束最优化问题的有效方法，该方法能够有效地探索参数空间，使马尔科夫链能够朝着高概率密度区进化，从而推导出具有显著统计特征的水文模型参数的后验分布（Duan 等，1992；卫晓婧等，2009）。国内外很多研究工作者已经把 SCEMUA 方法引入到水文模拟与预测的不确定性之中，并取得较好的效果。其中，Blasone 和 Vrugt 采用 SCEMUA 采样方法替代传统的 GLUE 方法中的蒙特卡洛取样方法，并根据估计的预测区间的覆盖率来控制可行参数组个数的选择，对传统的 GLUE 方法进行了改进（Blasone 和 Vrugt，2008）。卫晓婧等在 Blasone 所做工作基础之上，提出了以预测区间性质最优为控制可行参数组个数的指标的融合马尔科夫链蒙特卡洛算法的改进通用似然不确定性估计方法（卫晓婧等，2009）。SCEMUA 方法的核心是把自然界中的生物竞争进化原则引入到确定性的复合型搜索技术之中。该方法的具体计算步骤详见参考文献（卫晓婧等，2009）。

3. 基于 FCM - SCEMUA 的不确定性估计方法

本研究将 FCM 方法结合 SCEMUA 方法，建立基于 FCM - SCEMUA 的水文模型不确定性估计方法。图 3 - 1 显示了 SCEMUA 方法和 FCM - SCE-MUA 方法的计算流程。SCEMUA 方法和 FCM - SCEMUA 方法都是在 GLUE 框架下进行的，而且都采用 SCEMUA 算法进行参数采样。不同的是，SCEMUA 方法不对洪水过程进行分类，只对整个时间序列的似然函数（下称总体似然函数）设置阈值；而 FCM - SCEMUA 方法首先采用 FCM 方法对资料进行分类，然后不仅对总体似然函数设置阈值，而且对不同分类过程的似然函数设置阈值。

二、应用实例

1. 实例流域

实例流域采用位于汉江上游的江口流域，流域面积 2803km²。汉江上游的暴雨具有量大、分配集中和笼罩面积广等特点，其洪水主要由暴雨形成，由于

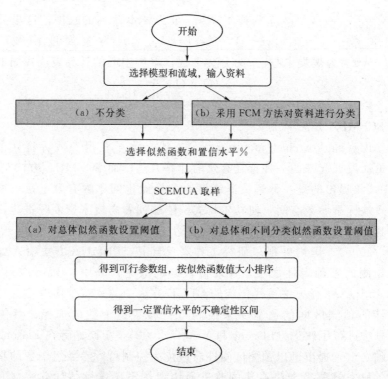

图 3-1　SCEMUA（a）和 FCM-SCEMUA（b）的水文模型不确定性估计方法流程图

流域内山高坡陡，洪水汇流速度快，具有猛涨猛落、峰型尖瘦的特点。采用该流域 1980—1987 年共 8 年的日降雨径流资料作为率定期，序列总长度为 2922，1988—1990 年共 3 年的资料作为检验期，序列总长度为 1096。

2. 新安江模型

本研究采用三水源新安江模型作为实验模型，研究采用的模型有 15 个参数（表 3-1）。其中蒸散发计算相关参数有 KE、X（流域上层蓄水容量比例）、Y（流域下层蓄水容量比例）和 C；产流计算相关的参数有 WM、B 和 IMP；水源划分相关参数有 SM、EX、KI 和 KG；汇流计算相关参数有 CI、CG、N 和 NK。假设参数的先验分布为均匀分布，根据它们的物理意义、已有的研究成果和汉江流域土壤的特性，确定本研究参数的取值范围（表 3-1）。

表 3-1　　　　　　　　　　　新安江模型参数的取值范围

参数 范围	WM	X	Y	KE	B	SM	EX	KI	KG	IMP	C	CI	CG	N	NK
下限	100	0.1	0.1	0.7	0.1	10	1.0	0.01	0.01	0.001	0.1	0.5	0.7	1	1
上限	250	0.4	0.6	2.0	1.0	50	1.5	0.7	0.9	0.1	0.3	0.9	0.99	5	10

3. 结果与分析

（1）聚类结果分析。考虑到要能够用于实时预报，所以这里没有采用未知的洪水过程进行分类，而主要采用雨量和蒸发量的指标。为了全面表征水文过程的特性，本研究选取月最大降雨总量、月最大降雨强度、前期影响雨量（以月为时段）、月降雨量方差、月降雨天数比例和月蒸发总量共 6 个聚类指标。由于各聚类指标不相同，其量纲也不尽相同，因此为了消除量纲的影响，首先对各个指标进行归一化处理。其次，根据 FCM 算法来确认最佳的分类数，为了确定最佳分类个数，依次把分类个数设为 2，3，4，…，9，通过比较最优分类方案的分类有效指数，发现把实例流域的资料分成 4 类是最佳的，即湿润型（分类 1）、半湿润型（分类 2）、半干旱型（分类 3）和干旱型（分类 4）。最后，根据最佳分类数，由 FCM 方法得到选择的实例流域 1980—1990 年水文过程（共有 134 个月）的分类结果，见表 3-2。图 3-2 显示的是实例流域 1980—1990 年中每个分类的水文过程。从图 3-2 中可以看出，分类的流量数值按照分类 1～分类 4 总体上由大到小变化，这和前面的分类类型设计相吻合。

表 3-2　　　　　江口流域 1980—1990 年水文过程 FCM 聚类结果表

序号	时间		月降雨总量/mm	月最大降雨强度/(mm/d)	前期影响雨量/mm	月降雨量方差	月降雨天数比例/%	月蒸发总量/mm	类别
	年	月							
1	1980	1	5.87	2.37	2.35	0.27	40.00	22.50	4
2	1980	2	1.44	0.49	5.87	0.01	36.67	44.70	4
3	1980	3	16.93	3.08	1.44	0.94	56.67	61.60	3
4	1980	4	31.54	8.38	16.93	4.30	46.67	119.60	2
5	1980	5	76.95	13.41	31.54	16.67	76.67	116.90	2
6	1980	6	195.56	32.07	76.95	97.62	86.67	118.90	1
7	1980	7	205.71	54.94	195.56	156.37	96.67	102.00	1
8	1980	8	161.16	51.85	205.71	105.26	86.67	126.20	1
9	1980	9	115.77	28.51	161.16	69.33	56.67	76.60	2
10	1980	10	65.67	13.80	115.77	15.03	66.67	64.20	2
⋮	⋮	⋮	⋮	⋮	⋮	⋮	⋮	⋮	⋮
130	1990	10	61.68	23.05	61.28	21.52	70.00	33.20	3
131	1990	11	12.98	6.97	61.68	1.66	30.00	32.30	4
132	1990	12	1.26	0.26	12.98	0.01	28.57	15.40	4

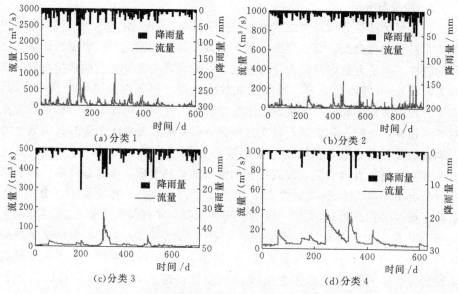

图 3-2　江口流域 1980—1990 年水文资料分类过程图

（2）有效参数组。在 GLUE 方法的基础上，分别采用 SCEMUA 和建立的 FCM-SCEMUA 不确定性估计方法，以 Nash-Sutcliffe 确定性系数 R^2 为似然函数，即

$$R^2 = \left[1 - \frac{\sum (Q_i - \hat{Q_i})^2}{\sum (Q_i - \bar{Q})^2} \right] \times 100\% \tag{3-4}$$

式中：Q_i 为实测流量，$\mathrm{m^3/s}$；$\hat{Q_i}$ 为流量模拟值，$\mathrm{m^3/s}$；$\bar{Q}$ 为实测流量的平均值，$\mathrm{m^3/s}$。

SCEMUA 方法设置总体似然函数阈值为 70%（$R^2 = 70\%$），FCM-SCEMUA 方法对不同分类的似然函数均设置阈值为 70%（$R_1^2 = R_2^2 = R_3^2 = R_4^2 = 70\%$），得到置信水平为 90% 的流量不确定区间。这样，SCEMUA 和 FCM-SCEMUA 方法分别得到 7317 个和 2578 个有效参数组。表 3-3 列出了 SCEMUA 和 FCM-SCEMUA 方法得到的模型部分可行参数值和相应的似然函数值。其中，SCEMUA 方法的分类参数结果是从总体样本估计的结果中分出来的；而 FCM-SCEMUA 方法的总体估计结果是把各分类结果综合在一起得到的。从表 3-3 中可以看出，虽然 SCEMUA 方法得到的超过总体似然函数阈值（70%）的有效参数组个数比较多，但计算出各分类的似然函数值却差别比较大，只有湿润型模拟效果比较好，其他类型的模拟效果都不是很理想，有的似然函数值甚至低于 50% 的水平，如表 3-3 中阴影的数字。这一方面说明了新安江模型在湿润情况下模拟效果最好，其不确定性更小；另一方面也说明新安江模型适用于湿润地区。同时我们发现 FCM-SCEMUA 方法通过对不同分类的似然函数分别设置阈值，去掉了 SCEMUA 方法得到的有效参数组中 64.8% 的不合理参数组，从而有效地减少了水文模拟的不确定性。

（3）参数后验分布。采用 SCEMUA 和 FCM-SCEMUA 方法推求的部分模型参数的后验分布如图 3-3 所示。由图 3-3 可以看出，对于同一个参数而言，通过两种方法推求的后验分布都呈现显著的非均匀分布，而且都具有"峰值"。这与卫晓婧等（卫晓婧等，2009）的研究结果相一致，即 SCEMUA 算法能够使得随机抽样朝着目标（似然度最高）方向有序进化，不断地根据先验信息收敛于后验分布，从而使得到的参数后验分布易于存在"峰值"（即参数的高似然值区域），符合经典贝叶斯理论后验分布的特征。同时从图 3-3 中还可以看出，FCM-SCEMUA 方法通过对不同分类过程的似然函数设置阈值对模型模拟结果进行筛选，去掉不合理的参数组，得到更加合理的参数组，所以其推求的后验分布更能够朝着高概率密度区进化，从而推导出更加合理的水文模型参数的后验分布。

表 3-3　　　　　　　　模型部分可行参数值和相应的似然函数值

方法	WM	KE	SM	EX	KI	KG	C	CI	CG	R^2	R_1^2	R_2^2	R_3^2	R_4^2
SCEMUA	127.79	1.07	40.54	1.09	0.09	0.23	0.11	0.74	0.99	88.40	88.30	69.70	67.90	3.90
	122.57	1.41	39.08	1.32	0.02	0.07	0.12	0.72	0.98	87.20	86.80	66.20	84.60	67.70
	121.01	1.55	40.78	1.17	0.02	0.15	0.13	0.74	0.97	88.30	88.20	63.20	85.00	55.40
	115.94	1.68	39.16	1.28	0.13	0.24	0.14	0.72	0.97	86.20	85.80	60.30	84.80	50.00
	124.44	1.34	36.96	1.33	0.04	0.12	0.14	0.73	0.96	88.30	88.10	66.70	83.80	35.70
	125.19	0.87	33.38	1.33	0.09	0.18	0.21	0.69	0.98	87.00	88.00	40.20	68.60	36.80
	118.41	1.47	38.76	1.21	0.05	0.16	0.15	0.70	0.93	88.40	88.40	64.30	77.40	0.30
	130.61	0.94	33.74	1.47	0.13	0.21	0.14	0.79	0.98	87.80	88.50	48.20	69.90	40.30
	122.49	1.30	31.82	1.39	0.03	0.14	0.12	0.79	0.97	89.40	89.30	66.10	83.30	59.20
	146.84	0.99	42.38	1.40	0.11	0.14	0.12	0.78	0.98	87.60	87.80	57.90	77.20	28.70
FCM-SCEMUA	128.17	1.18	35.63	1.38	0.09	0.16	0.11	0.78	0.99	89.60	89.40	70.70	84.40	73.30
	124.96	1.45	39.16	1.39	0.09	0.15	0.13	0.85	0.99	88.80	88.60	68.60	86.60	84.20
	130.73	1.25	33.56	1.43	0.12	0.13	0.10	0.84	0.99	89.70	89.70	70.90	88.00	85.20
	128.73	1.30	33.29	1.41	0.11	0.12	0.11	0.84	0.99	89.30	89.70	70.40	87.40	77.40
	131.27	1.30	33.96	1.42	0.09	0.12	0.11	0.86	0.99	89.90	89.60	71.00	87.40	86.70
	133.22	1.33	32.98	1.33	0.09	0.15	0.11	0.80	0.99	89.30	89.70	71.80	87.70	84.60
	133.42	1.29	34.63	1.43	0.09	0.13	0.10	0.86	0.98	89.60	89.60	70.50	87.00	75.00
	129.02	1.30	33.57	1.35	0.12	0.12	0.12	0.81	0.98	89.80	89.60	70.40	86.90	76.70
	130.91	1.31	32.59	1.45	0.10	0.10	0.10	0.85	0.99	89.90	89.70	70.70	87.10	86.70
	131.18	1.33	33.09	1.44	0.10	0.10	0.10	0.87	0.99	90.00	89.70	70.30	87.40	85.60

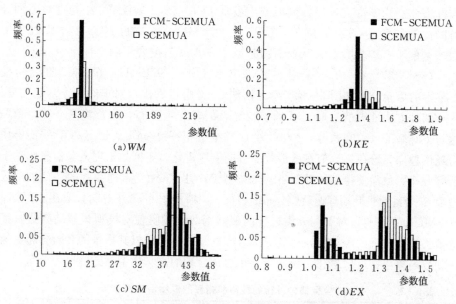

图 3-3 两种方法推求的新安江模型部分参数后验概率分布

（4）不确定性区间。本研究采用国际上通用的区间宽度来评价水文模拟与预测的不确定性大小。这里的区间宽度是置信水平为 90% 情况下模拟和预测流域出口流量的上下限的平均宽度。分别应用 SCEMUA 和 FCM-SCEMUA 方法得到预测区间宽度，见表 3-4。从表 3-4 中可以发现，不管是率定期还是检验期，FCM-SCEMUA 方法得到的区间宽度都比 SCEMUA 方法的要小得多，但覆盖率降低幅度不大，基本差不多；主要的原因除了可行性参数组选择门槛提高后的趋同性之外，更重要的是该方法去掉的是那些不合理的参数组，所以在覆盖率差不多的情况下，能够明显减小区间宽度，也就是说 FCM-SCEMUA 方法能够有效地减少水文模拟与预测的不确定性。

表 3-4 两种方法率定期和检验期不确定性区间估计比较

指标		SCEMUA					FCM-SCEMUA				
		分类1	分类2	分类3	分类4	总体	分类1	分类2	分类3	分类4	总体
区间宽度 /(m³/s)	率定期	26.96	15.09	14.11	14.16	18.12	14.54	10.79	7.55	7.63	8.47
	检验期	16.17	15.87	13.43	18.93	15.46	10.85	10.08	7.07	9.31	8.84
覆盖率 /%	率定期	82.21	88.50	75.20	78.76	82.64	80.52	86.83	74.10	76.86	80.93
	检验期	77.00	82.07	71.38	75.12	77.90	76.00	79.73	70.52	72.43	75.23

4. 结论

水文模型的基础是确定的水文规律（物理规律、统计规律），没有确定性的机理研究作基础，不确定性的研究只能是无本之木（林凯荣等，2009）。因此，减少预测中的不确定性是研究不确定性的目的。充分利用已有数据，最大程度挖掘现有的数据中有用的信息，是减少水文模拟与预报的不确定性的有效途径之一。本研究采用 FCM 方法对水文过程进行分类，结合 SCEMUA 方法，建立基于 FCM - SCEMUA 的水文模型不确定性估计方法。通过实例流域的研究发现，FCM - SCEMUA 方法通过对不同分类过程的似然函数设置阈值对模型模拟结果进行筛选，去掉不合理的参数组，得到更加合理的参数组，推求的后验分布更能够朝着高概率密度区进化，推导出更加合理的水文模型参数的后验分布，有效地减少水文模拟与预测的不确定性，从而更真实合理地反映水文模型参数的不确定性，得到更加合理的预测区间；而且该方法只在率定期需要采用分类来获取更加合理的参数组，而检验期是不需要用到分类信息的，也就是最后用于预报的参数组是适用于各个分类的，因此该方法是可以用于带有预见期的实时洪水预报的，可以为流域防汛和水资源管理决策提供更加可靠的依据。

第二节　分 水 源 比 较

众所周知，通过输入更多有效信息可有效减少水文模拟的不确定性，本研究正是基于此思想，借助滑动最小值法（smoothed minima method）实现基流分割，以弱化水文模拟过程中的不确定性。本研究分别采用新安江模型、GLUE 不确定性估计法以及 SCEM - UA 采样算法进行水文模拟和不确定性分析与估计，并以汉江流域作为研究区，采用汉江流域江口站的水文数据，分别是从 1980—1987 年的日降雨和流量数据。研究发现：当基流系数的阈值增大时，有效参数组的数量和标准偏差均下降。Nash - Sutcliffe（NS）系数高值与基流系数高值有良好的对应关系。结果表明，当设置基流系数似然函数的阈值时，预测区间的平均相对宽度显著缩小且实测值覆盖率并未减小，有效参数组能够较好地实现实测流量模拟。综上，考虑基流信息能够在一定程度上弱化水文模拟过程的不确定性，使其获得更为合理的预测区间。

传统的模型率定和模拟是基于实测流量数据，而目前越来越多的学者借助于其他有效的信息以削减预测的不确定性。本研究的目的在于探究如何在新安江模型中利用由 SMM 方法获得的基流信息实现水文模拟不确定性的弱化。

一、研究方法

1. 新安江模型

新安江模型是产流机制的一种概化，其基本假设为：任一地点上，土壤含水量达蓄满（田间持水量）前，降雨量全部补充土壤含水量，不产流；当土壤蓄满后，其后续降雨量全部产生径流。由图3-4可知，新安江模型包括直接径流和地下径流，产流计算用蓄满产流方法，流域蒸发采用三层蒸发（涉及的参数包括 KE、X、Y、C），水源划分用的是稳定下渗法，直接径流坡面汇流用单位线法（涉及的参数包括 WM、B、IMP），地下径流坡面汇流用线性水库（涉及的参数包括 SM、EX、KG），河道汇流采用马斯京根分河段演算法（涉及的参数包括 CG、N、NK）。新安江模型的先验参数见表3-5。

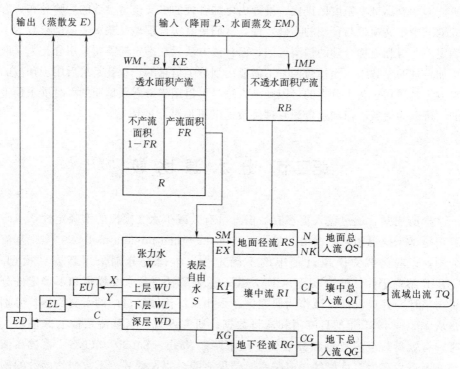

图3-4 新安江模型的结构框架图

表3-5 新安江模型的参数集及其先验取值范围

参数	取值范围	描 述
WM/mm	100～250	流域平均张力水容量
WUM/mm	10～60	上层张力水容量
WLM/mm	30～120	下层张力水容量
KE	0.8～1.5	蒸发皿潜在蒸散发率
B	0.1～1.0	张力水蓄水容量曲线方次
SM/mm	10～50	表层自由水蓄水容量
EX	1～1.5	表层自由水蓄水容量曲线方次

参数	取值范围	描 述
KI	0.1～0.5	表层自由水蓄水库对壤中流的日出流系数
KG	0.1～0.5	表层自由水蓄水库对地下水的日出流系数
IMP	0.001～0.1	不透水面积占全流域面积的比值
C	0.1～0.3	深层蒸散发折算系数
CI	0.5～0.9	壤中流消退系数
CG	0.7～0.99	地下水消退系数
N	1～5	瞬时单位线水库数
NK	1～4	瞬时单位线储水系数

2. 模型率定方法

本研究基于 SCEM－UA 算法实现模型参数率定，并采用 NS 确定性系数作为似然函数。

$$NS = \left[1 - \frac{\sum (Q_i - \hat{Q}_i)^2}{\sum (Q_i - \bar{Q}_c)^2} \right] \times 100\% \qquad (3-5)$$

式中：Q_i 为实测流量，$\mathrm{m^3/s}$；$\hat{Q}_i$ 为模拟流量，$\mathrm{m^3/s}$；$\bar{Q}_c$ 为率定期实测流量的平均值，$\mathrm{m^3/s}$。

3. 平滑最小值法

平滑最小值法（smoothed minima method，SMM）是由英国水文研究所于 1980 年提出的一种分割基流的方法。该方法将整个连续的日流量序列以 5d 为一个单元划分为多个互不重叠的分块，然后确定每个分块中的最小值，并从中提取满足一定条件的值组成为拐点，将各个拐点利用直线连接起来得到基流序列。该方法简单易行，在不少国家和地区得到利用。应用平滑最小值法进行基流分割的具体计算步骤如下。

（1）划分块。将连续日流量序列 q_t，$t = 1, \cdots, n$；n 是流量序列的长度。以 5d 为一个单元划分为 m 个互不重叠的块，如果 n 不是 5 的整数倍，则忽略最后一个不完整的块。实践证明在大多数流域中，以 5d 对日流量序列进行分块得到的结果是比较精确的，若结果不够理想，可适当缩小计算时段以保证分割精度。

（2）确定最小值。确定每个分块中的最小值，分别定义为 $\tilde{q}_1, \tilde{q}_2, \cdots, \tilde{q}_m$。

（3）确定拐点。拐点 $\tilde{q}_i$ 是地下流量序列从上升段折往下降段的转折点。考虑到基流量的稳定性，英国水文研究所通过在大量流域上实践，认为拐点 $\tilde{q}_i$ 是基流过程线上相邻元素中的最小值。英国水文研究所将该方法得到的基流分割结果与人工方法得到的结果进行对比，得出其最优解为 0.9，本研究按此方式选出日流量序列中所有满足条件的拐点。

（4）将所有的拐点相连，拐点之间的基流值由相邻拐点数值线性内插得到，若任一日期的插值超过总的流量值，则将该处的基流值修改为与总流量值相等，从而得到基流分割的结果曲线。

为了比较各流量组分，本研究基于 NS 系数，定义了一个新的基流系数指标。

$$NS_b = \left\{ 1.0 - \frac{\sum\limits_{i=1}^{n} \left[Q_{b,\text{SMM}}(i) - Q_{b,\text{sim}}(i) \right]^2}{\sum\limits_{i=1}^{n} \left[Q_{b,\text{SMM}}(i) - \bar{Q}_{b,\text{SMM}} \right]^2} \right\} \times 100\% \qquad (3-6)$$

式中：$Q_{b,\text{SMM}}(i)$、$Q_{b,\text{sim}}(i)$、$\bar{Q}_{b,\text{SMM}}$ 分别为由 SMM 计算的基流量、新安江模型模拟的基流量以及 SMM 计算的基流量的平均值；n 为基流数据的个数。

4. 不确定性评估方法

本研究分别采用实测值覆盖率（CR）和预测区间的相对区间宽度（RIW）来评价模型的不确定区间，其计算原理如下：

$$CR = \frac{\sum\limits_{i=1}^{n} J\left[Q_{\text{obs}}(i) \right]}{n} \qquad (3-7)$$

$$RIW = \frac{\sum\limits_{i=1}^{n} \left[Q_{\text{up}}(i) - Q_{\text{low}}(i) \right]}{n} \qquad (3-8)$$

其中：

$$J\left[Q_{\text{obs}}(i) \right] = \begin{cases} 1, Q_{\text{low}}(i) < Q_{\text{obs}}(i) < Q_{\text{up}}(i) \\ 0, 其他 \end{cases} \qquad (3-9)$$

式中：$Q_{\text{low}}(i)$、$Q_{\text{up}}(i)$ 分别为在 i 时刻，不确定性区间的上下限；$Q_{\text{obs}}(i)$ 为实测流量；n 为序列的长度。

二、结果与讨论

1. 基流的确定

新安江模型的最优参数组见表 3-6。图 3-5 是由 SMM 法估算得到的基流量以及由新安江模型模拟的基流量。基流指标 BFI 是指基流量占总流量的比例，是表征基流特征的常见参数。为了验证 SMM 法的计算结果，本研究还采用了 Arnold 数字滤波法、Spongberg 数字滤波法以及图解法验证基流分割的结果。表 3-7 列出了由不同方法获得的 BFI 指标。

表 3 - 6　　　　　　　　　　新安江模型的最优参数组

模型参数	WM	WUM	WLM	KE	B	SM	EX	KI	KG	IMP	C	CI	CG	N	NK	NS
初始值	130.29	16.42	39.09	1.30	1.00	35.22	1.47	0.10	0.10	0.08	0.10	0.90	0.99	1.00	1.14	90
修正值	130.17	16.01	40.35	1.33	0.99	32.93	1.50	0.10	0.10	0.10	0.10	0.90	0.99	1.01	1.14	90

注　NS 是 Nash – Sutcliffe 系数。

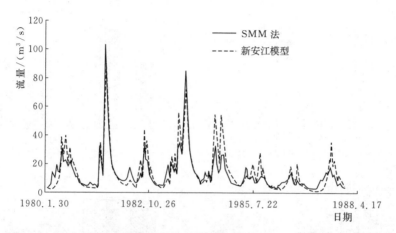

图 3 - 5　通过 SMM 法估算得到的流量基流量以及新安江模型模拟的基流量

表 3 - 7　　　　　　　　　不同研究方法得到的 BFI 值

方法	SMM	QG	Arnold 数字滤波法	Spongberg 数字滤波法	图解法
BFI	0.45	0.46	0.41	0.47	0.49

2. 有效参数组的比较

为了评估基流模拟对水文模型不确定性的影响，本研究对比了 18 种不同的情景。NS 系数的阈值分别取 50%，60%，70% 以及无阈值的情景，NS_b 阈值分别取 0，40%，50%，60%，70% 等。每个参数组的有效参数个数见表 3 - 8。结果显示，当 NS_b 增大时，有效参数组的个数减少。

表 3 - 8　　　　　　　　不同情景下有效参数组个数比较

NS 的阈值/%	NS_b 的阈值/%					
	*	0	40	50	60	70
50	5913	4276	2691	2410	1722	362
60	5627	4238	2676	2401	1718	362
70	5318	4182	2654	2388	1713	362

*　代表基流系数无阈值的情况。

　　有效参数组在不同阈值条件下的均值和标准偏差以及相关性系数见图3-6。由图3-6可知，当NS_b的阈值增大时，大多数有效参数组的标准偏差大幅度减小，NS系数与NS_b变化相同。同时，当NS_b的阈值增大时，NS系数的均值有略微增大，每个有效参数组的均值发生了不同程度的变化。图3-7是当NS系数的阈值在70％时，NS系数和NS_b系数的散点图。由图3-7可知，高的NS系数的高值对应着NS_b的高值。

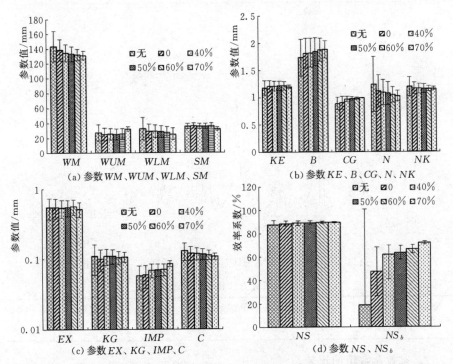

(a) 参数 WM、WUM、WLM、SM

(b) 参数 KE、B、CG、N、NK

(c) 参数 EX、KG、IMP、C

(d) 参数 NS、NS_b

图 3-6　有效参数组在不同阈值条件下的均值和标准偏差以及效率系数对比图

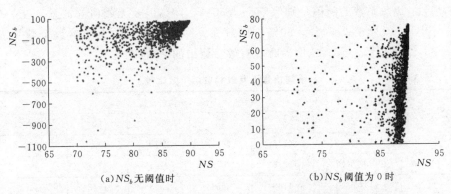

(a) NS_b 无阈值时

(b) NS_b 阈值为 0 时

图 3-7　当 NS 系数的阈值在 70％时 NS 系数和基流系数的散点图

3. 不确定性区间的比较

本研究进一步调查了基流对新安江模型不确定性区间的影响，分别借助于 4 个指标（实测值覆盖率（CR）、预测区间平均相对区间宽度（RIW）、NS 系数、NS_b 系数的中值 $MQ_{0.5}$）来评价模型的不确定性区间。同时利用基于 SCEM - UA 的 GLUE 不确定性估计法，探索了在 90% 置信水平下的不确定区间。表 3 - 9 对比了具有不同阈值基流系数的新安江模型的不确定性评价。其中，NS（$MQ_{0.5}$）和 NS_b（$MQ_{0.5}$）分别是 NS 系数和 NS_b 的中值。$MQ_{0.5}$ 是通过拟合实测流量序列和模拟流量序列进行不确定性分析。图 3 - 8 和图 3 - 9 分别说明了实测流量和基流量于 1981 年 6 个月期间在无阈值 [图 3 - 8（a）] 和阈值为 50% 的 90% 置信水平下 [图 3 - 8（b）] 的不确定性区间。

在表 3 - 9、图 3 - 8 和图 3 - 9 中展示，当阈值增加时，CR 值并未增加，但 RIW 值有显著下降，这表征着考虑基流系数的研究方法能够有效降低模型的不确定性。在表 3 - 9 中也不难发现，当基流系数的阈值增大时，NS（$MQ_{0.5}$）和 NS_b（$MQ_{0.5}$）也随之增大，这也表明，当考虑基流系数时，代入有效参数组的新安江模型能够更好地模拟实测流量。

表 3 - 9　不同基流系数 NS_b 阈值和 NS 系数阈值为 70% 的不确定性评价

NS_b 的阈值/%		*	0		40		50		60		70	
			值	RI/%	值	RI/%	值	RI/%	值	RI/%	值	RI/%
总流量	RIW	0.51	0.41	9.93	0.26	24.10	0.23	27.09	0.19	31.37	0.30	20.65
	CR	0.697	0.663	4.88	0.601	13.77	0.562	19.37	0.505	27.55	0.582	16.50
	$NE(MQ_{0.5})$	88.84	89.48	0.72	89.77	1.05	89.80	1.08	89.90	1.19	89.83	1.11
基流量	RIW	0.97	0.79	17.80	0.54	42.80	0.47	49.79	0.35	61.85	0.40	56.70
	CR	0.713	0.695	2.52	0.630	11.64	0.595	16.55	0.525	26.37	0.606	15.01
	$NE_b(MQ_{0.5})$	43.11	56.74	31.62	63.28	46.79	63.98	48.41	65.97	53.03	72.18	67.43

* 指基流系数无阈值的情况；RI 是基流系数有无阈值情景下 RIW 的变化百分比。

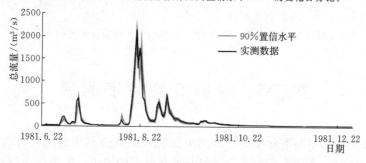

(a)

图 3 - 8（一）　实测流量和 90% 置信水平下新安江模型模拟流量对比图

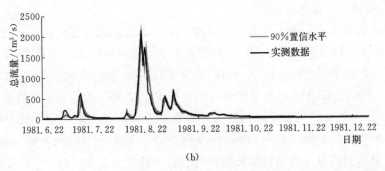

（b）

图 3-8（二）　实测流量和 90％置信水平下新安江模型模拟流量对比图

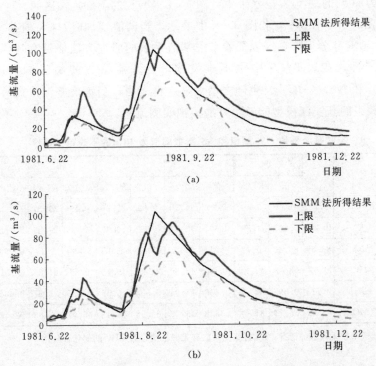

（a）

（b）

图 3-9　基于 SMM 法估计的基流量和 90％置信水平下新安江模型模拟的基流量对比图

第三节　内部节点验证信息

　　水文模拟控制和弱化不确定性的方法之一是充分利用更新且有效的信息，基于这一思想，本研究进一步通过对新安江模型的模拟结果进行多站点验证以减少模型参数的不确定性。不确定性评估方法采用基于 SCEM-UA 采样法的

GLUE 估计法。其中，采用 Nash－Sutcliffe 确定性系数作为似然函数。通过对比考虑流域内部节点流量前后的两套方案，可发现考虑内部节点信息验证能够进一步弱化水文模型的不确定性。本研究选择东湾流域作为研究区，研究数据分别采用东湾流域的栾川水文站、潭头水文站及东湾水文站的每小时降雨量和流量，数据时间是 1993—1998 年每年的 6 月 1 日至 10 月 30 日（1993—1996 年为率定期，1997—1998 年为验证期）。结果表明，当给内部节点的似然函数设置阈值时，有效参数组的数量和标准偏差显著降低，基于此参数组，新安江模型可更好地实现实测径流的模拟。此外，利用流域内节点的信息，能进一步优化水文模拟和预报的有效参数组，从而弱化了水文模拟的不确定性，可为控制和弱化水文模拟的不确定性提供有效途径。

一、方法的建立

通过数字高程模型提取数字河网和子流域，结合 SCEMUA 的水文模型参数不确定性方法 GLUE，建立基于分子流域的水文模型不确定性估计方法，具体计算流程见图 3－10。由图可知，情景Ⅰ仅考虑流域出口似然函数的阈值，情景Ⅱ中在流域出口和内部节点均设置了似然函数的阈值。

二、结果

1. 有效参数集的比较

为了评估利用内部节点的流量信息对水文模型不确定性影响，本研究设定了 12 种情景（表 3－10）。表 3－10 展示了不同情景下有效参数组的个数，发现在所有考虑内部节点的情况下，有效参数组的个数均有减少。图 3－11 显示了当流域出口的 NS 系数阈值为 70%

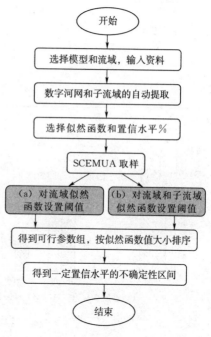

图 3－10　传统（a）的和考虑内部节点信息（b）的水文模型不确定性估计方法流程图

时，流域内部节点和出口断面的散点图。尽管图 3－11 并未显示两者之间的直接关系，但是不难发现流域出口断面的流量的 NS 系数对内部节点信息相当敏感，即当内部节点的 NS 系数越好时，流域出口断面也相应地获得更好的模拟效果。接着我们设置了 2 个情景进一步分析在不同阈值的条件下有效参数组的差异。情景Ⅰ仅在流域出口设置了似然函数阈值 $NE=70\%$，情景Ⅱ同时设置

了内部节点和流域出口的似然函数阈值，即 $NE_1 = NE_2 = NE_3 = 70\%$，表
3-11列出了情景Ⅰ的有效参数组及其似然函数值的部分结果。由表3-11知，
基于流域出口的参数组不能保证内部节点的似然函数值达到高值，甚至有部分
值低于 50%。换而言之，许多不合理的有效参数组出现在情景Ⅰ中，这表征
了通过设置内部节点似然函数的阈值可有效地移除不合理的有效参数组。图
3-11展示了情景Ⅰ和情景Ⅱ有效参数组的均值、标准偏差及其相关系数。根
据图3-11可知，当设置内部节点的阈值时，大多数有效参数组的标准偏差显
著降低，同样的，流域出口和内部节点的 NS 系数也显著减小。综上，考虑内
部节点能够在一定程度上有效降低参数的不确定性。

表 3-10　　　　　　　　　不同情景下有效参数组的个数

出口处的 NE 阈值 ＼ 内部站点的 NE 阈值	序列长度	70%		
		栾川	潭头	栾川和潭头
50%	4927	3513	4273	3225
60%	4872	3507	4270	3218
70%	4645	3448	4200	3184

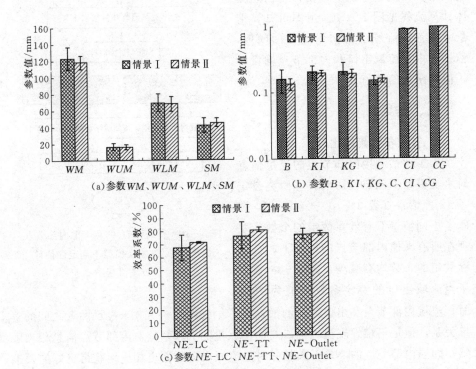

(a)参数 WM、WUM、WLM、SM

(b)参数 B、KI、KG、C、CI、CG

(c)参数 $NE\text{-}LC$、$NE\text{-}TT$、$NE\text{-}Outlet$

图 3-11　当流域出口的 NS 系数阈值为 70% 时情景Ⅰ和情景Ⅱ的有效参数
与 NS 系数均值、标准差和相关系数对比图

表 3 - 11   情景 I 的有效参数组及其似然函数值的部分结果

WM	X	Y	KE	B	SM	EX	KI	KG	C	CI	N	NK	NE-LC/%	NE-TT/%	NE-Outlet/%
114.03	0.06	0.63	1.09	0.14	17.34	1.47	0.24	0.32	0.15	0.93	1.07	7.35	43.90	45.80	71.40
161.78	0.12	0.67	1.30	0.25	28.63	1.00	0.23	0.28	0.13	0.92	1.64	5.26	60.40	70.50	79.70
124.65	0.06	0.57	1.22	0.25	21.04	1.36	0.11	0.13	0.18	0.91	1.88	8.95	64.90		75.10
129.60	0.13	0.60	1.38	0.23	48.05	1.32	0.26	0.38	0.16	0.91	1.52	8.64	67.10	73.80	81.50
111.35	0.17	0.53	1.31	0.14	30.41	1.26	0.10	0.19	0.17	0.91	3.91	6.20	66.90	73.20	77.10
152.56	0.17	0.65	0.96	0.36	10.78	1.48	0.40	0.19	0.10	0.92	2.51	8.89	50.20	54.70	74.00
142.76	0.15	0.42	1.43	0.20	29.11	1.13	0.30	0.24	0.13	0.91	1.51	7.88	64.40	73.70	82.20
111.73	0.06	0.65	1.26	0.28	29.33	1.09	0.28	0.31	0.09	0.90	2.97	4.97	73.30	66.80	71.70
136.84	0.13	0.56	1.50	0.16	27.88	1.38	0.29	0.16	0.09	0.91	3.29	9.49	53.00		83.60
154.24	0.10	0.62	1.36	0.36	17.12	1.33	0.28	0.33	0.10	0.92	3.02	9.20	71.70	69.00	71.50
116.07	0.08	0.52	1.03	0.27	11.69	1.41	0.17	0.34	0.13	0.92	2.47	5.69	63.60	57.80	71.90
134.56	0.18	0.58	1.16	0.14	41.46	1.26	0.13	0.23	0.10	0.93	4.50	6.98	47.10	59.50	77.00
120.91	0.15	0.51	1.45	0.24	42.02	1.41	0.40	0.26	0.12	0.92	3.80	4.32	57.80	69.80	82.70
138.11	0.09	0.49	1.04	0.23	16.37	1.22	0.18	0.30	0.14	0.92	2.94	4.04	35.50	37.00	72.30
159.70	0.19	0.47	1.17	0.14	18.99	1.37	0.17	0.16	0.16	0.92	4.10	4.10	52.30	66.40	82.80
138.70	0.16	0.66	1.43	0.14	49.51	1.08	0.24	0.37	0.15	0.92	1.28	4.25	71.20	77.20	78.90
155.49	0.07	0.57	0.96	0.37	33.05	1.47	0.13	0.28	0.17	0.91	3.30	7.33	47.90	46.60	70.70
104.84	0.11	0.61	1.30	0.22	29.13	1.31	0.18	0.32	0.12	0.91	1.52	7.28	74.00	69.70	70.30
115.28	0.13	0.69	1.19	0.13	18.13	1.18	0.15	0.26	0.16	0.90	4.50	4.36	71.30	71.50	71.60
146.48	0.13	0.54	1.49	0.12	35.55	1.15	0.15	0.29	0.16	0.90	2.98	7.56	72.80	77.10	75.20

2. 参数后验分布的比较

图 3 - 12 展示了新安江模型在情景 I 和情景 II 中的参数后验分布。由图 3 - 12可知，后验分布均呈现出显著的非均匀分布。Blasone 和 Vrugt 曾指出 SCEM - UA 衍生的初始样本在参数空间的高概率 HPD（high probability density）区域中包含诸多有效参数组，因此各参数组合至最佳模型的平均距离均较小。此外，由情景 II 获得的大部分参数后验分布比情景 I 呈现出更多的峰值。该发现意味着通过情景 II 获得的后验分布可使得参数空间的 HPD 区域具有更高频率，这是因为情景 II 使用的内部节点流量信息可进一步筛选模拟结果，所获得的水文参数后验分布更为合理。

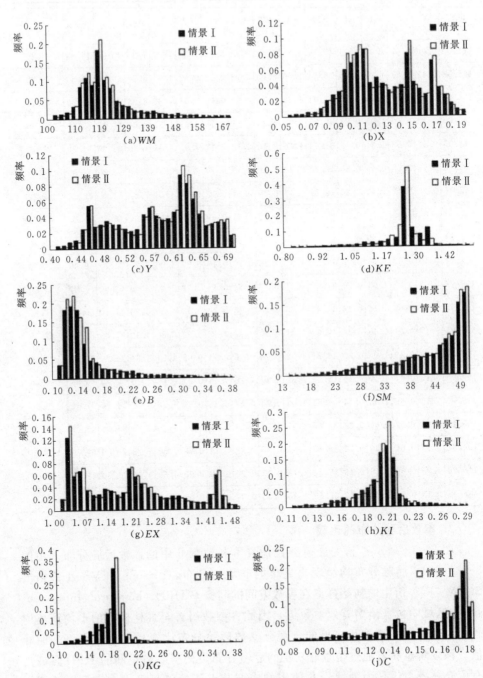

图 3-12（一） 情景 I 和情景 II 中新安江模型的参数后验分布图

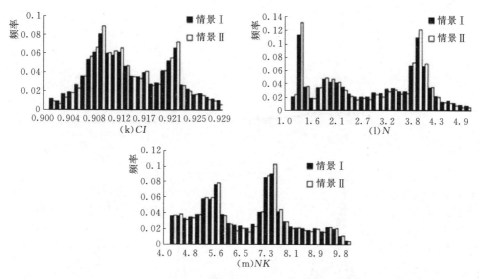

图 3-12（二）　情景Ⅰ和情景Ⅱ中新安江模型的参数后验分布图

3. 不确定性区间的比较

本研究利用 CR、RIW 以及 $MQ_{0.5}$ 来研究内部节点信息如何影响新安江模型的不确定区间。不确定性区间是在 90% 的置信水平下给定 $NE=70\%$ 后通过 GLUE 方法获得的。表 3-12 为两种情景下新安江模型不确定指标的评价结果。

表 3-12　　情景Ⅰ和情景Ⅱ新安江模型不确定指标的评价结果

评价指标		东湾（出口处）			潭头			栾川		
		情景Ⅰ	情景Ⅱ	$RI/\%$	情景Ⅰ	情景Ⅱ	$RI/\%$	情景Ⅰ	情景Ⅱ	$RI/\%$
RIW	率定期	0.606	0.524	−13.58	0.589	0.524	−11.05	0.575	0.524	−8.89
	验证期	0.617	0.538	−12.91	0.607	0.538	−11.37	0.665	0.538	−19.13
CR	率定期	0.683	0.660	−3.35	0.677	0.661	−2.42	0.666	0.652	−2.15
	验证期	0.693	0.674	−2.74	0.628	0.612	−2.60	0.631	0.607	−3.84
$NE(MQ_{0.5})$	率定期	0.803	0.807	0.59	0.848	0.850	0.24	0.779	0.783	0.54
	验证期	0.859	0.861	0.23	0.808	0.811	0.38	0.747	0.754	0.83

图 3-13 和图 3-14 表示在两种情景下，实测流量从 1996 年 7 月 24 日至 10 月 12 日（率定期）和 1998 年 7 月 19 日至 10 月 13 日（验证期）的不确定性区间和实测流量。从表 3-12 和图 3-13、图 3-14 可以看出，覆盖率 CR 并未减小，这意味着考虑内部站点的流量信息在一定程度上可减少水文模拟的参数不确定性。

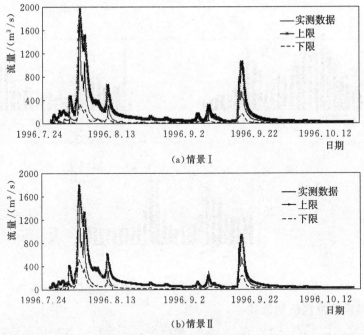

(a)情景Ⅰ

(b)情景Ⅱ

图 3-13 情景Ⅰ和情景Ⅱ从 1996 年 7 月 24 日至 10 月 12 日流量的
不确定性区间和实测流量值

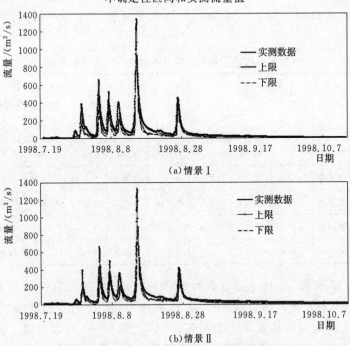

(a)情景Ⅰ

(b)情景Ⅱ

图 3-14 情景Ⅰ和情景Ⅱ从 1998 年 7 月 19 日至 10 月 13 日流量的
不确定性区间和实测流量值

进一步分析表 3-12 可知，当阈值增加时，CR 并未增加，但 RIW 有显著下降，这表征着考虑基流系数的研究方法能够有效降低模型的不确定性。在表 3-12 和图 3-13 中也不难发现，中值 $NS(MQ_{0.5})$ 和 $NS_b(MQ_{0.5})$ 的 NS 系数随着内部节点的设置而增大，这也表明，当考虑内部节点时，基于该有效参数组的新安江模型能够更好地实现实测流量的模拟。由表 3-12 可知，在率定期和验证期的覆盖率并不是很高。覆盖率值在高流量处高，在低流量处低，且低流量所处的时长大于高流量，表明在此研究区，模型不能很好地模拟低流量。正如 Beven 指出的，不应该期望某一有效参数组能够使得模型在率定期能很好地预测特定时间的流量（Beven 等，2011）。

第四节　水文模拟与预报结果的可靠性评价

一、水文模拟与预报可靠性评价系统

利用微软的 VB 开发工具构建了水文模拟与预报可靠性评价系统，它是用来评价水文模拟与预报可靠性的可视化软件。主要由 3 大部分组成：水文模型库模块、评价指标计算模块和可靠性评价模块。主界面如图 3-15 所示。该系统以类定义为基础，构建了水文模型方法库及其评价指标库。在水文模型库模块中包括了新安江模型、蓄满超渗兼容模型、垂向混合模型、ARNO 模型、VIC 和 TOPMODEL6 种模型，而且易于添加所需要的模型。评价指标计算模块包括了 Nash-Sutcliffe 模型效率系数、均方误差、对数均方误差、径流总量相对误差、洪峰流量过程均方误差、洪峰预报相对误差和峰现时间预报均方误差 8 个评价指标。图 3-16 显示的是可靠性评价的界面。

图 3-15　系统主界面

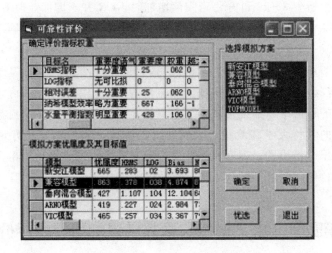

图 3 - 16　可靠性评价界面

二、水文模拟与预报不确定性综合评价方案

现行的水文模拟与预报不确定性估计存在的另一个主要问题是如何有效合理地评价水文模拟的不确定性，传统的方法一般采用覆盖率、区间宽度和区间的对称性进行评价。但是，覆盖率和区间宽度往往是相矛盾的，区间宽度越大，相应的覆盖率会越高，反之亦然。因此，对于水文模拟的不确定性的评价，不能仅从单一的评价指标出发，必须根据具体情况的实际需要进行多目标综合评价。

利用多目标模糊优化算法，构建了水文模拟与预报不确定性综合评价方案。根据这一方案，结合实例研究发现当栅格分辨率为 200m 时得到的不确定性预测区间都是相对较优的，结果如图 3 - 17 所示。

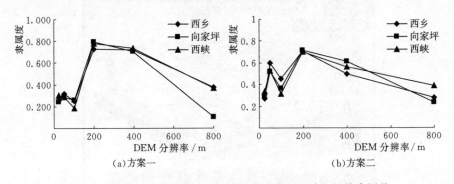

图 3 - 17　DEM 分辨率为 200m 时的水文模拟不确定性综合评价

参 考 文 献

［1］ 林凯荣，陈晓宏，江涛．基于 Copula–Glue 的水文模型参数不确定性研究［J］．中山大学学报：自然科学版，2009，48（3）：109–115.

［2］ 汪丽娜，陈晓宏，李粤安，等．基于人工鱼群算法和模糊 C–均值聚类的洪水分类方法［J］．水利学报，2009，40（6）：743–748.

［3］ 卫晓婧，熊立华，万民，等．融合马尔科夫链–蒙特卡洛算法的改进通用似然不确定性估计方法在流域水文模型中的应用［J］．水利学报，2009，40（4）．464–480.

［4］ Beven K，Smith P J，Wood A．On the colour and spin of epistemic error（and what we might do about it）［J］．Hydrology & Earth System Sciences，2011，8（8）：5355–5386.

［5］ Blasone R S，Vrugt J A，Madsen H，et al．Generalized likelihood uncertainty estimation（GLUE）using adaptive Markov Chain Monte Carlo sampling［J］．Advances in Water Resources，2008，31（4）：630–648.

［6］ Duan Q，Sorooshian S，Gupta V．Effective and efficient global optimization for conceptual rainfall-runoff models［J］．Water Resources Research，1992，28（4）：1015–1031.

［7］ Gupta V K，Sorooshian S．The relationship between data and the precision of parameter estimates of hydrologic models［J］．Journal of Hydrology，1985，81（1–2）：57–77.

［8］ Sivapalan M，Takeuchi K，Franks S W，et al．IAHS Decade on Predictions in Ungauged Basins（PUB），2003—2012：Shaping an exciting future for the hydrological sciences［J］．Hydrological Sciences Journal，2003，48（6）：857–880.

［9］ Xie X L，Beni G．A validity measure for fuzzy clustering［J］．IEEE Transactions on pattern analysis and machine intelligence，1991，13（8）：841–847.

第四章

基于多重工作假说的流域
水文建模方法

　　本研究提出了变化环境下流域水文建模的新途径。通过构建基于多重工作假说的流域水文建模方法，实现了从较单一水文模型结构到多组合的模块化水文模型，从较单一流量过程的评价体系到多重因子的诊断方法的转变，从而解决了变化环境下如何构建合适的水文模型的问题。

　　相对于观测数据和模型参数而言，基于现有科学认知体系构建的模型结构是建模过程中不确定性的另外一个主要来源。传统的单一工作假说更关注一个较为固定结构的水文模型的研究，而忽略其他可能更为科学合理的结构或者方法。针对该问题，本研究在国家自然科学基金面上项目"基于多重工作假说的流域水文模拟方法与应用研究——以华南湿润区为例"项目的支持下，构建了基于多重工作假说的水文建模方法。

　　该方法首先通过基于组件技术的模块化流域水文模型框架，结合研究流域的气候和下垫面信息，确定可供选择的相对合理的假说模型和参数；然后运用每个假说模型进行模拟试验；根据建立的基于贝叶斯理论的流域水文模拟多重因子评价诊断方法进行模型假说检验；最后通过建立的多重工作假设检验的水文模型进行实际的预报。

　　同时，原创性地建立了基于霍顿下渗能力曲线的流量过程线连续分割新方法，通过建立的基于霍顿下渗能力曲线的客观分水源方法获得较准确的分水源信息，结合基于贝叶斯理论多重因子评价诊断方法，研究发现多重工作假说的流域水文模拟方法可以有效地优化流域水文模型参数，从而更加科学准确地进行流域水文模拟。

第一节　多重工作假说理论

由于环境系统本身的复杂性，加上气候变化以及人类活动的影响，使得现有的水文模型在模拟和预测自然过程中存在很大的不确定性，这在一定程度上限制了模拟与预报结果的可靠性和实用价值。针对这个问题，本研究提出了建立基于组件技术的模块化流域水文模型，结合研究流域的气候和下垫面信息，确定可供选择的相对合理的假说模型和参数；运用每个假说模型进行模拟试验；同时建立基于贝叶斯理论的流域水文模拟多重因子评价诊断方法进行模型假说检验；最终构建了基于多重工作假说的水文模拟框架。这对于完善水文预报理论、改善预报精度以及为防洪调度提供科学的决策依据，具有重要的理论意义和实际应用价值。

自 20 世纪 60 年代以来，以计算机技术、水情自动测报系统、现代控制理论等为代表的新技术、新方法在水文预报中的应用不同程度地提高了预报精度，水文预报技术在理论与实践方面都获得了突飞猛进的发展。随着计算机、地理信息系统、雷达、遥感以及全球定位系统等科学技术的日新月异，流域水文模型的研究与应用在过去 30 多年里也相应地取得了重要的进展。但是，洪水过程是一个复杂的动态过程，它的发生与发展取决于气象因素和地理因素；水文预报需要应用多种水文、气象资料，采用概化后的水文模型结构和参数，依赖于对输入、输出信息进行解释的专家判断，这些复杂的因素导致了水文预报的不确定性，它始终存在并制约着防洪决策的正确性。水文模拟与预报的不确定性问题已经成为当前国际水文科学研究中的重要课题，国内外很多水文学家都认为现在阻碍水文模型发展的因素有两个，一是人们经常在"贩卖"自己的模型，重推销而轻验证；二是水文学研究更是像集邮一样对个别流域做专题研究，而没有利用更多的数据来寻找通用的模型方法（Andrassian 等，2007；杨大文等，2004）。因此，如何在变化环境条件下找到最合适的水文模型，有效地弱化水文模拟与预报中的不确定性，是其中的一个关键科学问题；而更加精确科学地进行水文模拟与预报是其最终的目的。这也是国际水文科学协会的 PANTA RHEI（Everything Flows）的新的国际水文十年计划（2013—2022年）和国际水文集合预报试验计划 HEPEX（Hydrologic Ensemble Prediction Experiment）的重要研究内容（陆桂华等，2012）。本研究旨在总结现行水文模拟存在的问题的基础上，提出采用多重工作假说的水文模拟框架，建立更加符合实际水文过程的方法。

一、当前水文模拟存在的主要问题

流域水文模型经历了几十年的发展，随着科学技术的发展，模型也在不断的改进和完善。到目前为止，据不完全统计至少有上千种流域水文模型。在20世纪60—80年代，主要以概念性模型和系统模型的研制和开发为主，至今仍得到广泛的应用。进入20世纪90年代，随着计算机技术和一些交叉学科的发展，流域水文模型研究的方向主要反映在计算机技术、空间遥感技术（RS）、地理信息系统（GIS）等的应用，分布式流域水文模型的研究开发得到普遍的关注（徐宗学和程磊，2010）。虽然我们已经开发了很多流域水文模型，但不管是集总式概念性的或者是分布式物理性的，每一个流域水文模型在模拟和预测自然界的水文循环过程都存在误差。这样的误差直接体现了水文模型在模拟环境系统中的不确定性。对于流域水文模型的不确定性的来源归纳起来可分为三类：①观测资料的误差；②模型结构的误差；③模型参数估计的不确定性。

近些年来水文模型的不确定性问题在国际上得到了广泛的关注。Bormann和Diekkruger指出在变化环境条件下应用流域水文模型必须考虑模型不确定性的影响（Bormann和Diekkruger，2003）。而Singh和Woolhiser指出，未来的分布式物理性流域水文模型的研究重在模型验证、误差传递和不确定性、风险和可靠性的分析等方面（Singh和Woolhiser，2002）。Beven于1992年率先提出了流域水文模型"异参同效"的观点，并针对流域水文模型的不确定性研究问题，基于Horberger和Spear的RSA方法，提出了通用似然不确定性估计（generalized likelihood uncertainty estimation，GLUE）方法（Beven和Binley，1992）。该方法易于理解和操作，可以用于各种程度的复杂性和非线性的模型中，是目前水文模拟、水质模拟中主要的不确定性估计方法之一。国内，莫兴国和刘苏峡较早将GLUE方法应用到黄河支流卢氏流域估计LISFLOOD模型的不确定性（莫兴国和刘苏峡，2004）。在GLUE方法的基础上，刘艳丽等采用多准则似然判据进行了碧流河水库洪水预报的不确定性分析，林凯荣等提出了基于Copula-Glue的水文模型参数不确定性估计方法（刘艳丽等，2009；林凯荣等，2009）。但也有研究者认为GLUE方法并非经典的Bayesian方法、主观判断参数可行域阈值和推求的参数后验概率分布不具有显著的统计特征（Mantovan和Todini，2006；Beven等，2007）。20世纪90年代，研究人员将马尔科夫链蒙特卡罗法（Markov Chain Monte Carlo，MCMC）引入到参数的不确定性研究中，它的发展又为不确定性研究提供了更强大的数学工具（Kuczera和Parent，1998；Blasone等，2008）。MCMC方法从参数的后验分布提取样本，提供了比单点估计更多的信息，而且避免了用一个正态近似后验分布用于推断的必要。另一种考虑模型不确定性的方法是基于贝叶斯理论的不确定性方法。该方法包括贝叶斯模型选择法（Bayesian model choice）和贝叶斯模型平均法（Bayesian model averaging）（Wasserman，2000）。贝叶斯模型选择法认为应该通过模型的后验概率来比较各个模型的优劣，具有最大后验概率的模型即为最好的模型。贝叶斯模型平均法则通过估算每个模型的一些变量值，然后根据模型正确度概率进行估算。国内，梁忠民等采用贝叶斯统计模型法来估计 TOPMODEL 参数不确定性（梁忠民等，2009）；董磊华等则利用贝叶斯模型加权平均方法进行水文模型的不确定性分析（董磊华等，2011）。其他有代表性的方法还有：Thiemann 等提出的贝叶斯递归估计 BaRE（Bayesian recursive estimation）方法，由 SCE - UA 算法衍生来的 SCEM - UA（shuffled complex evolution metropolis algorithm）方法，Butts 等提出的集束法（ensemble），Montanari 和 Brath 提出的 Meta - Gaussian 模型，Wagener 提出的动态可识别方法（dynamic identifiability analysis，DYNIA），等等（Thiemann 等，2001；Vrugt 等，2003；Butts 等，2004；Montanari 和 Brath，2004；Wagener 等，2003；Van Griensven 和 Meixner，2006）。

由上可知，目前针对如何估计水文模拟与预报的不确定性问题已经提出了很多的方法，虽然各有优点，也有不足。国际上对于不确定性的定量估计方法的选择也还存在一些争论，比如说 GLUE 方法；但是对于模型输入和参数的不确定性估计比较公认的最常用的方法还是贝叶斯统计模型法（梁忠民等，2011）。然而，对于模型结构本身的不确定性而言，一般较难定量化。为此，Clark 等建立了 FUSE（framework for understanding structural errors）来分析不同模型结构在不同情景下的模拟效果（Clark 等，2008）；同时对于如何针对给定问题提出最优模型结构并定量估计模型结构的不确定性，提出了采用多重工作假说方法的设想（Clark 等，2011）。

另外，如何有效地弱化水文模拟与预报的不确定性成为了水文模拟与预报的不确定性的另一个主要问题。虽然流域水文模型对水文循环的很多过程都进行了模拟，但传统的方法大多仅采用流域出口断面的流量过程来对其进行验证。Goodman 等认为弱化水文模拟与预报的不确定性的有效途径之一就是充分挖掘所有可利用的数据，建立定量估计不确定性的统计方法，有效地综合各种不同的信息源（Goodman，2002）。在没有新数据源的时候，就只有最大程度地挖掘现有的数据中有用的信息。Gupta 和 Sorooshian 认为数据包含的信息多少取决于水文过程的变幅，如果数据涵盖了丰水、中水、枯水年，则认为数据中包含的水文信息较多（Gupta 和 Sorooshian，1985）。Uhlenbrook 等指出对于不确定性潜在的有效约束在于对于新增数据源的模拟进行拟合良好性优选（Uhlenbrook 和 Sieber，2005）。基于此，Choi 和 Beven 在 GLUE 方法的框架下，以 TOPMODEL 为例，提出了使用多过程和多目标的模型控制来弱化水文预报不确定性的方法（Choi 和 Beven，2007）。Gallart 等则以实测水位记录数据为控制条件，来弱化地表和地下径流预报的不确定性（Gallart 等，2007）。Schmittner 等采用同位素示踪法来弱化海洋跨密度面混合和碳循环工程（Schmittner 等，2009）。Maschio 等也尝试了通过以观测数据作为控制条件，结合不确定性分析和历史拟合方法来弱化水库参数的不确定性（Maschio 等，2009）。Karasaki 等则通过勘探试验利用温度、压力和密度等信息来减小地下水模型的不确定性（Karasaki 等，2011）。林凯荣等尝试了采用洪水过程分类、分子流域和分水源方法以减少水文模拟与预报中的不确定性的研究（林凯荣和陈晓宏，2010；Kairong Lin 等，2014）。另外，在不确定性结果的估计方面采用的评价指标也比较单一。Blasone 和 Vrugt 最早采用估计的预测区间的覆盖率作为评价指标，Feyen 等则以预测区间的覆盖率和区间宽度为评价指标，卫晓婧和熊立华进一步提出采用覆盖率、区间宽度和区间的对称性进行评价（Blasone 等，2008；Feyen 等，2008；卫晓婧等，2009）。由于不确定性区间的评价指标不是单一的，而且覆盖率和区间宽度往往是相矛盾的，区间宽度越大，相应的覆盖率会越高，反之亦然。因此，对于水文模拟的不确定性的评价，不能够仅从单一的因子和评价指标出发，必须根据具体情况的实际需要进行多因子多目标综合评价。

二、多重工作假说理论的引入

美国著名的地质学家 Chamberlin 于 1890 年在 Science 期刊发表了一篇文章，题目是多重工作假说方法，引起了科学家们高度的注意及好评，后来这篇文章又陆续重新刊印在 Journal of Geology（1931），Scientific Monthly（1941）及 Science（1965）（Chamberlin，1890）上。时至今日，这个方法历经百年，已经被公认为是科学研究的重要方法之一。多重工作假说的核心思想就是对尽可能多的假说进行尽可能多的检验。承袭一个单一的假说，思想有可能会导致单一解释的概念，但是适合的解释通常涉及许多假说的组合，才能导出以不同构成的组合性成果。真正的解释因此必然是复杂的，复杂的现象的解释通常鼓励使用多重假说的方法，这也是这种方法的主要优点之一。美国著名水文学家 Clark 等于 2011 年首次提出了采用多重工作假说方法进行水文模拟的设想，也就是对尽可能多的假说模型进行尽可能多的检验（Clark 等，2011；Beven 等，2011；Clark 等，2012）。Clark 等认为该方法是解决复杂环境下水文模拟与预报中不确定性的一种有效的途径。

第二节　基于多重工作假说的水文模拟框架

一、基于同步观测实验的流域水文信息挖掘与分析

基于多重工作假说的水文模拟需要更多观测数据的支持，首先需要对研究的流域进行水文同步观测试验，采用"三性审查"方法对选用的资料进行分析与取舍，并利用智能算法结合聚类分析对水文过程进行科学分类。采用多普勒雷达技术，结合流域点雨量观测，进行流域降雨定量估计；利用 ENVISAT 高空间分辨率的 ASAR 主动雷达遥感数据和 AMSR－E 被动微波数据，通过迭代正向辐射算法反演得到研究流域的土壤湿度数据，并采用粒子滤波方法进行同化处理；结合同位素示踪法建立具有物理基础的水源划分方法得到研究流域的不同径流成分数据；利用水文同步观测数据结合典型流域的连续水文模拟和比较分析，对上述方法进行定量评估和修正。

二、基于组件技术的模块化水文模型框架

随着模型不确定性问题的发现，现在的流域水文模拟与预报已经发展成可采用多种模型进行组合模拟和预报的方式。为了能够更加全面地认识水文模型描述的各个过程，构建更加合理的流域水文模型，本研究提出需要建立一个基于组件技术的模块化流域水文模型框架。首先是根据流域环境分析结合水文观测试验选择产流机制和汇流方式相对合理的模型，通过构建通用化的状态变量、模型参数和状态方程，把模型分离成相互独立的各个部分；然后采用国际对象管理组织（Object Management Group）提出的 CORBA（Common Object Request Broker Architecture）组件技术建立模块化的流域水文模型框架，为基于多重工作假说的水文模拟提供不同组合模型方案。

三、基于贝叶斯理论的多重因子评价诊断方法

传统的方法主要以用流域水文站的流量过程来对流域水文模拟与预报的结果进行验证，这已经不能满足社会发展而需要更加全面评价水文模拟与预报的合理性的更高要求。为此，本研究建议选用目前比较公认的贝叶斯统计方法，建立多重因子的流域水文模拟与预报的评价与诊断方法，如图 4－1 所示。

另外，对于水文模拟与预报的评价，根据我国水文情报预报规范，本研究选取确定性系数、峰值误差、总量误差和峰现时间误差等作为评价指标。而对于不确定性区间的评价，则选择区间覆盖率、相对区间宽度和区间对称性作为

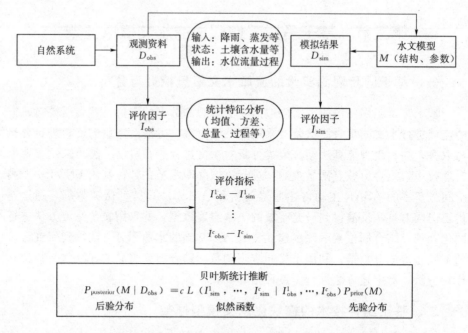

图 4-1　基于贝叶斯理论的多重因子水文模拟评价诊断方法示意图

评价指标进行。需要指出的是这里采用相对区间宽度代替传统的区间宽度，因为由于不同流域或者不同场次的洪水的大小不同，所以得到的区间宽度不能够很直观地反映出不确定性区间的大小。

四、基于多重工作假说的流域水文模拟系统

根据前文建立的基于组件技术的模块化流域水文模型框架，结合研究流域的气候和下垫面信息，确定可供选择的相对合理的假说模型和参数；运用每个假说模型进行模拟试验；根据前文建立的基于贝叶斯理论的流域水文模拟多重因子评价诊断方法进行模型假说检验；最后通过建立的多重工作假设检验的水文模型进行实际的预报，整个工作流程如图 4-2 所示。多重工作假说的核心思想就是对尽可能多的假说进行尽可能多的检验，这就需要构建一个比较灵活的、交互能力比较强的可操作的系统来实现；因此在上述研究内容的基础上，最终设计和开发一个基于多重工作假设的可视化流域水文模拟系统。

综上所述，复杂环境条件下的水文模拟与预报及其不确定性问题已经成为国际水文科学研究中的重要课题，目前的不确定性研究大都是针对如何定量估计不确定性的问题本身的，而对于如何弱化水文模拟与预报不确定性，

这一国际水文学科的前沿问题，虽然已有一些学者开始了一些探索性的研究，但还很不够。其中，数据问题是阻碍水文科学发展的最重大的"瓶颈"。通过增加新的观测数据，如水位、土壤含水量、地表径流、地下径流等，作为控制条件是弱化水文模拟与预报不确定性的有效方法。而相对于参数不确定性和输入不确定性来说，模型结构不确定的研究相对滞后。主要的问题是传统的单一工作假说更关注一个较为固定结构的水文模型的研究，而忽略其他可能更为科学合理的结构或者方法。因此，只有通过引入新技术新方法，充分挖掘可利用数据的信息，同时采用多重工作假说的方法才能大大提高复杂环境条件下流域水文模拟和预报的精度。这对于完善水文预报理论、改善预报精度以及为防洪调度提供科学的决策依据，具有重要的理论意义和实际应用价值。

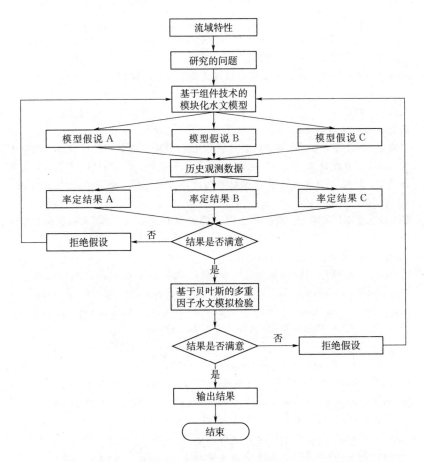

图 4-2 基于多重工作假说的流域水文模拟系统工作流程图

参 考 文 献

[1] 董磊华,熊立华,万民. 基于贝叶斯模型加权平均方法的水文模型不确定性分析 [J]. 水利学报,2011,42(9):1065-1074.

[2] 梁忠民,李彬权,余钟波,等. 基于贝叶斯理论的 TOPMODEL 参数不确定性分析 [J]. 河海大学学报(自然科学版),2009,37(2):129-132.

[3] 梁忠民,戴荣,李彬权. 基于贝叶斯理论的水文不确定性分析研究进展 [J]. 水科学 进展,2010,21(2):274-281.

[4] 林凯荣,陈晓宏,江涛. 基于 Copula-Glue 的水文模型参数不确定性研究 [J]. 中山 大学学报:自然科学版,2009,48(3):109-115.

[5] 林凯荣,陈晓宏. 基于 FCM-SCEMUA 的水文模型参数不确定性估计方法 [J]. 水 利学报,2010(10):1186-1192.

[6] 刘艳丽,梁国华,周惠成. 水文模型不确定性分析的多准则似然判据 GLUE 方法 [J]. 四川大学学报(工程科学版),2009,41(4):89-96.

[7] 陆桂华,吴娟,吴志勇. 水文集合预报试验及其研究进展 [J]. 水科学进展,2012, 23(5):728-734.

[8] 莫兴国,刘苏峡. GLUE 方法及其在水文不确定性分析中的应用 [Z]. 全国水问题 研究学术研讨会. 2004.

[9] 卫晓婧,熊立华,万民,等. 融合马尔科夫链-蒙特卡洛算法的改进通用似然不确定 性估计方法在流域水文模型中的应用 [J]. 水利学报,2009,40(4):464-473.

[10] 徐宗学,程磊. 分布式水文模型研究与应用进展 [J]. 水利学报,2010,39(9): 1009-1017.

[11] 杨大文,夏军,张建云,等. 中国 PUB 研究与发展 [Z]. 全国水问题研究学术研讨 会,2004.

[12] Andréassian V, Lerat J, Loumagne C, et al. What is really undermining hydrologic science today? [J]. Hydrological Processes,2007,21(20):2819-2822.

[13] Bormann H, Diekkrüger B. Possibilities and limitations of regional hydrological models applied within an environmental change study in Benin (West Africa) [J]. Physics and Chemistry of the Earth, Parts A/B/C,2003,28(33):1323-1332.

[14] Beven K, Binley A. The future of distributed models:model calibration and uncertainty prediction [J]. Hydrological processes,1992,6(3):279-298.

[15] Beven K, Smith P, Freer J. Comment on "Hydrological forecasting uncertainty assessment:Incoherence of the GLUE methodology" by Pietro Mantovan and Ezio Todini [J]. Journal of Hydrology,2007,338(3):315-318.

[16] Beven K, Smith P, Westerberg I, et al. Comment on "Pursuing the method of multiple working hypotheses for hydrological modeling" by P. Clark et al. [J]. Water Resources Research,2012,48(11):W11801.

[17] Blasone R S, Vrugt J A, Madsen H, et al. Generalized likelihood uncertainty estima-

tion (GLUE) using adaptive Markov Chain Monte Carlo sampling [J]. Advances in Water Resources, 2008, 31 (4): 630 - 648.

[18] Butts M B, Payne J T, Kristensen M, et al. An evaluation of the impact of model structure on hydrological modelling uncertainty for streamflow simulation [J]. Journal of Hydrology, 2004, 298 (1): 242 - 266.

[19] Chamberlin T C. The method of multiple working hypotheses [J]. Science, 1890, 15 (366): 92 - 96.

[20] Choi H T, Beven K. Multi - period and multi - criteria model conditioning to reduce prediction uncertainty in an application of TOPMODEL within the GLUE framework [J]. Journal of Hydrology, 2007, 332 (3): 316 - 336.

[21] Clark M P, Slater A G, Rupp D E, et al. Framework for Understanding Structural Errors (FUSE): A modular framework to diagnose differences between hydrological models [J]. Water Resources Research, 2008, 44 (12): 421 - 437.

[22] Clark M P, Kavetski D, Fenicia F. Pursuing the method of multiple working hypotheses for hydrological modeling [J]. Water Resources Research, 2011, 47 (9): 178 - 187.

[23] Clark M P, Kavetski D, Fenicia F. Pursuing the method of multiple working hypotheses for hydrological modeling [J]. Water Resources Research, 2011, 47 (9).

[24] Feyen L U C, Kalas M, Vrugt J A. Semi - distributed parameter optimization and uncertainty assessment for large - scale streamflow simulation using global optimization/ Optimisation de paramètres semi - distribués et évaluation de l'incertitude pour la simulation de débits à grande échelle par l'utilisation d'une optimisation globale [J]. Hydrological Sciences Journal, 2008, 53 (2): 293 - 308.

[25] Gallart F, Latron J, Llorens P, et al. Using internal catchment information to reduce the uncertainty of discharge and baseflow predictions [J]. Advances in Water Resources, 2007, 30 (4): 808 - 823.

[26] Goodman D. Extrapolation in risk assessment: improving the quantification of uncertainty, and improving information to reduce the uncertainty [J]. Human and Ecological Risk Assessment, 2002, 8 (1): 177 - 192.

[27] Gupta V K, Sorooshian S. The relationship between data and the precision of parameter estimates of hydrologic models [J]. Journal of Hydrology, 1985, 81 (1 - 2): 57 - 77.

[28] Karasaki K, Ito K, Wu Y S, et al. Uncertainty reduction of hydrologic models using data from surface - based investigation [J]. Journal of Hydrology, 2011, 403 (1): 49 - 57.

[29] Kuczera G, Parent E. Monte Carlo assessment of parameter uncertainty in conceptual catchment models: the Metropolis algorithm [J]. Journal of Hydrology, 1998, 211 (1 - 4): 69 - 85.

[30] Lin K, Liu P, He Y, et al. Multi - site evaluation to reduce parameter uncertainty in a conceptual hydrological modeling within the GLUE framework [J]. Journal of Hydroinformatics, 2014, 16 (1): 60 - 73.

[31] Lin K, Lian Y, He Y. Effect of Baseflow Separation on Uncertainty of Hydrological

Modeling in the Xinanjiang Model [J]. Mathematical Problems in Engineering, 2014, (2014 - 7 - 14), 2014, 2014 (8): 1 - 9.

[32] Mantovan P, Todini E. Hydrological forecasting uncertainty assessment: Incoherence of the GLUE methodology [J]. Journal of hydrology, 2006, 330 (1): 368 - 381.

[33] Maschio C, Schiozer D J, de Moura Filho M A B, et al. A methodology to reduce uncertainty constrained to observed data [J]. SPE Reservoir Evaluation & Engineering, 2009, 12 (01): 167 - 180.

[34] Montanari A, Brath A. A stochastic approach for assessing the uncertainty of rainfall-runoff simulations [J]. Water Resources Research, 2004, 40 (1).

[35] Schmittner A, Urban N M, Keller K, et al. Using tracer observations to reduce the uncertainty of ocean diapycnal mixing and climate - carbon cycle projections [J]. Global Biogeochemical Cycles, 2009, 23 (4): 146 - 158.

[36] Singh V P, Woolhiser D A. Mathematical modeling of watershed hydrology [J]. Journal of hydrologic engineering, 2002, 7 (4): 270 - 292.

[37] Thiemann M, Trosset M, Gupta H, et al. Bayesian recursive parameter estimation for hydrologic models [J]. Water Resources Research, 2001, 37 (10): 2521-2535.

[38] Uhlenbrook S, Sieber A. On the value of experimental data to reduce the prediction uncertainty of a process - oriented catchment model [J]. Environmental Modelling & Software, 2005, 20 (1): 19 - 32.

[39] Van Griensven A, Meixner T. Methods to quantify and identify the sources of uncertainty for river basin water quality models [J]. Water Science and Technology, 2006, 53 (1): 51 - 59.

[40] Vrugt J A, Gupta H V, Bouten W, et al. A Shuffled Complex Evolution Metropolis algorithm for optimization and uncertainty assessment of hydrologic model parameters [J]. Water Resources Research, 2003, 39 (8): 113 - 117.

[41] Wagener T, Mcintyre N, Lees M J, et al. Towards reduced uncertainty in conceptual rainfall - runoff modelling: dynamic identifiability analysis [J]. Hydrological Processes, 2003, 17 (2): 455 - 476.

[42] Wasserman L. Bayesian model selection and model averaging [J]. Journal of mathematical psychology, 2000, 44 (1): 92 - 107.

第五章

气候变化下流域水文
过程的响应

第一节 不同设计气候情景下流域径流量的模拟

本研究依据研究区域特点，选取位于东江流域不同方位、土地利用变化相对比较显著的几个子流域：即顺天、枫树坝、蓝塘、九州以及岳城（图5-1）。基于 ArcGIS 的空间分析技术，首先由流域两期土地利用现状图（1980 年、2000年）分析其下垫面的改变情况；利用改进的 SCS 月模型，依下垫面实际改变状况来率定模型主要参数 CN；模拟不同时期径流量大小；分离土地利用及气候变化对水资源影响分量；分析气候变化趋势及设计气候情景下径流量改变量。

1. SCS 月模型

SCS 模型是美国农业部水土保持局（Soil Conservation Service）提出的，在美国及其他一些国家得到较为广泛的应用（叶守泽和詹道江，2007）。模型主要有如下几个特点：①模型能够考虑

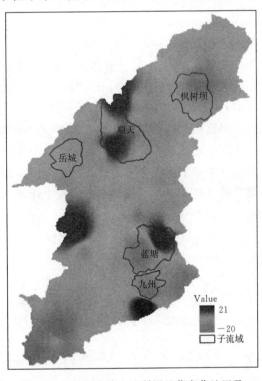

图 5-1 东江流域土地利用显著变化地区及
研究区域示意图

流域下垫面的特点，如土壤、坡度、植被及土地利用等；②模型可应用于无资料地区；③模型能够考虑人类活动对径流量的影响，即能通过未来土地利用情况的变化，预估降雨径流关系的可能变化；且结构简单，使用方便。

SCS 模型的产流计算公式如下：

$$R = \frac{(P - I_a)^2}{P + S - I_a}, P \geqslant I_a$$
$$R = 0, P < I_a$$

(5-1)

为计算简便，引入一个经验关系：

$$I_a = \alpha S$$

(5-2)

式中：R 为径流量，mm；S 为流域当时可能最大滞留量，mm（是后损的上限）；I_a 为初损；α 为初损系数，因流域实际情况而异。

S 值的变化幅度较大，从实用出发，引入一个无因次参数 CN 与 S 建立经验关系，即

$$S = \frac{25400}{CN} - 254$$

(5-3)

CN 为反映降雨前流域特征的一个综合参数，它与流域土壤前期湿润程度（antecedent moisture condition，AMC）、坡度、植被、土壤类型和土地利用状况有关，其变化在 0～100 之间。其中 SCS 模型把 AMC 分为三级：AMC Ⅰ为干旱情况，AMC Ⅱ为一般情况，AMC Ⅲ为湿润情况。具体的等级划分依据、CN 值的查算以及不同 AMC 等级的 CN 值换算见相关文献（叶守泽和詹道江，2007）。

依据水量平衡原理，建立 SCS 的月水量平衡模型。模型的输入主要为逐月实测降雨值及蒸发皿观测值，输出为月径流量。因此，月实际蒸发量的计算对于月水量平衡模型来讲比较重要，根据熊立华和郭生练的两参数月水量平衡模型的研究成果，本模型中采用其中计算月实际蒸发量的算法（熊立华和郭生练，2004），即

$$E(t) = C \times EP(t) \times \tanh[P(t)/EP(t)]$$

(5-4)

式中：$E(t)$ 为月实际蒸发值，mm；$EP(t)$ 为蒸发皿观测值，mm；$P(t)$ 为月降水量，mm；C 为模型参数，无量纲。

将式（5-1）算得的结果作为时段地表径流 $RS(t)$，土壤含水量用 $W(t)$ 表示，壤中流 $RI(t)$ 的计算用 $W(t)$ 乘以一个壤中流系数 a（王渺林和夏军，2004），即

$$RI(t) = aW(t)$$

(5-5)

2. 其他方法

在进行流域各气象要素变化趋势分析时，采用了常用的 Mann-Kendall

统计方法，具体可参考文献（Kendall MG，1975；Mann HB，1945）；分离土地利用及气候变化对流域径流量改变量方法参照参考文献（叶许春等，2009；张建云和王国庆，2007）；流域旱涝时空分布特征的分析采用 Z 指数分析方法，具体可参考文献（鞠笑生，1997）。

一、流域气象要素变化趋势分析

本研究依据东江流域 21 个气象站 1959—2008 年逐年平均降雨、蒸发、日照时间、湿度及气温等气象要素序列，进行空间插值（何艳虎和林凯荣，2010），得到流域相应气候要素序列。选择常用的线性倾向估计及非参数 M-K 等趋势分析方法（Kendall MG，1975；Mann HB，1945），分析东江流域近 50 年来气温、降水量、蒸发量、日照时间及湿度等气象要素的变化趋势，M-K 趋势分析具体结果见表 5-1；M-K 突变分析及线性倾向估计结果分别如图 5-2 所示。

表 5-1　东江流域 1959—2008 年各气象要素特征统计及 M-K 趋势分析结果

气象要素	降雨/mm	气温/℃	蒸发/mm	湿度/(g/m³)	日照/h
$\bar{C}$	1852.92	21.30	1572.43	78.05	1813.02
C_v	0.16	0.02	0.05	0.03	0.09
C_s	0.13	0.56	0.50	-0.94	0.45
M-K 检验值	0.22	3.34	-2.94	-2.97	-4.18

由表 5-1 可知：从各气象要素 M-K 检验值看，东江流域在过去的 50 年间（1959—2008 年），各气象要素均呈现出不同程度的变化。降雨量在 1959—2008 年间呈不显著增加趋势（$M=0.22$，置信度水平小于 99%），这是局部大气环流、流域地形要素等综合作用的结果；同一时期气温呈显著增加趋势（$M=3.34$，置信度水平大于 99%），此为流域对全球气候变暖的局部响应；日照时间呈显著减少趋势（$M=-2.94$，置信度水平大于 99%）；湿度显著减少趋势（$M=-4.18$，置信度水平大于 99%）；蒸发量呈显著减少趋势（$M=-2.94$，置信度水平大于 99%）。这是由于虽然影响蒸发的气温因素有所加强，但湿度及日照时间因素都有不同程度的减弱，同时近 50 年间，流域的土地覆盖也发生了一定变化，这都使得影响流域蒸发的因素有所减弱，进而导致蒸发呈减少趋势。

从各气象要素变差系数值看，气温年际变化最小，湿度次之，而降雨量最大，这反映了东江流域降雨类型及其大气环流的特性。东江流域位于我国东部湿润地区，该地区受季风环流影响，降雨以锋面雨和对流雨为主，降雨量年际变化较大（叶守泽和詹道江，2007）。

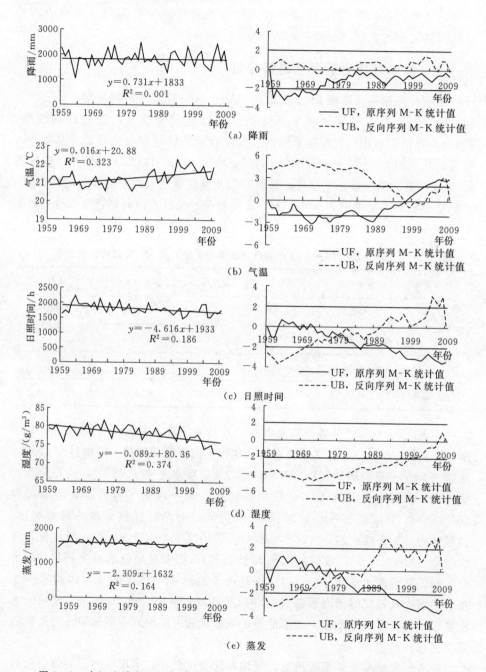

（a）降雨

（b）气温

（c）日照时间

（d）湿度

（e）蒸发

图 5-2 东江流域主要气象要素 1959—2008 年 M-K 突变分析及线性倾向估计

由图 5-2 可知，东江流域各气象要素在 1959—2008 年间：①总体上看，流域降雨量随时间的增加呈上升趋势；降雨量演变趋势不存在突变现象，这与有关东江流域降雨变化的研究结果基本一致（石教智等，2005）；②总体上看，流域气温随时间的增加呈上升趋势；气温演变趋势于 1997 年前后发生了明显的变暖突变，1990 年代中期以前，流域平均气温始终在较小的范围内上下波动，以后气温就一直呈明显的上升趋势。因此，近 50 年来流域近地面平均气温的增暖主要是发生在最近的 13 余年内。从偏暖年份看，20 世纪 80 年代中期以后的数量也明显增多；③总体上看，流域日照时间随时间的增加呈下降趋势；日照时间演变趋势于 1982 年前后发生了明显的下降突变，1982 年以前，流域平均日照时间始终在较小的范围内上下波动，以后日照时间就一直呈明显的下降趋势。因此，近 50 年来流域平均日照时间的下降主要是发生在最近的 28 年内；④总体上看，流域湿度随时间的增加呈下降趋势；湿度演变趋势于 2000 年前后发生了明显的下降突变，2000 年以前，流域平均湿度始终在较小的范围内上下波动，以后湿度就一直呈明显的下降趋势。因此，近 50 年来流域平均湿度的下降主要是发生在最近的 10 余年内；⑤总体上看，流域蒸发随时间的增加呈下降趋势，这与谢平等对东江流域实际蒸发量与蒸发皿蒸发量的变化趋势研究结论相一致（谢平等，2009）；蒸发演变趋势于 1982 年前后发生了明显的下降突变，1982 年以前，流域平均蒸发始终在较小的范围内上下波动，以后蒸发量就一直呈明显的下降趋势。因此，近 50 年来流域平均蒸发量的下降主要是发生在最近的 28 年内。

二、流域气象要素与径流相关性及关联性分析

依东江流域概况，可将流域水文站的设置和流域水系的分布划分为 3 个层次：以龙川为中心的流域上游部分，记为 D1，用该站气象要素值和径流量作为输入数据，计算上游降雨量、气温与径流量相关系数及关联度；以河源为中心的流域中游部分，记为 D2，用该站气象要素值和径流量作为输入数据，计算中游降雨量、气温与径流量相关系数及关联度；博罗水文站位于三大水库下游，历年东江的水量调配均以近网河区的博罗站作为控制站，博罗水文站的径流情势代表了整个东江流域水量调控的效果，故选择博罗站为流域的总控制站，全流域记为 D，用流域面雨量及博罗站径流量、流域年均气温作为输入数据，计算全流域降雨、气温与径流相关系数及关联度。所用数据均为各水文站点 1959—2008 年天然径流量和气象要素时间序列。

流域各气象要素与径流相关系数计算结果见表 5-2，关联度计算分析结果见表 5-3。

表 5－2 东江流域各气象要素与径流相关系数

流域划分	范围大小	代表站	气温	降雨	蒸发	日照时间	湿度
D1	上游	龙川	－0.10	0.80	－0.4	－0.35	0.27
D2	中游	河源	－0.23	0.69	－0.28	－0.39	0.35
D	全流域	博罗	－0.08	0.88	－0.54	－0.57	0.26

由表 5－2 可知，东江流域不同流域范围各气象要素与径流相关系数各不相同。流域各部分降雨量、湿度与径流量正相关，气温、日照时间及蒸发量与径流量均为负相关，符合流域水量平衡原理；而降雨量与径流量的关系更为密切，蒸发量也比较明显，这与石教智等于该流域降雨径流变化过程的研究结论相一致（石教智等，2005）。随着流域范围的不断扩大，降雨量、气温与径流量相关程度呈波动变化。无论流域的大小变化，降雨作为水文循环的一个重要环节和因素，始终对径流的形成起着决定性的重要作用，特别是对于东江流域，降雨为该流域径流主要补给形式，流域降雨的增加会引起径流的相应增加；而气温作为气候的一个重要因子，通过作用于流域蒸散发进而影响水文循环，气温的升高使得流域陆面、水面的蒸发及植物的蒸腾加大，增加了降雨的损失，使得径流减少；中游受到人类活动的作用明显，降雨作为径流的主要影响因子，对径流的相关系数在中游为最小。总体来看，流域各气象因素中，降雨与径流的相关系数最大，且为正相关，湿度与径流量也为正相关，这说明了东江流域径流以降雨补给为主要形式，同时空气湿度增大有利于降雨的形成；而依据降雨的物理成因，气温、日照时间及蒸发量组成了减弱降雨的气象要素集合，进而能不同程度地引起径流量的减少，它们与径流量为负相关。

表 5－3 东江流域各气象要素与径流量关联度分析

流域划分	范围大小	代表站	气温	降雨	蒸发	日照	湿度
D1	上游	龙川	0.4884	0.5503	0.4688	0.449	0.4702
		排序	2	1	4	5	3
D2	中游	河源	0.4857	0.5389	0.4659	0.4313	0.4861
		排序	3	1	4	5	2
D	下游	博罗	0.525	0.5968	0.4883	0.4495	0.5239
		排序	2	1	4	5	3

由表 5－3 可以看出，东江流域各气象要素中，降雨量对径流的关联度最大，表明降雨量为该流域径流变化的主要驱动因子；其次为气温和湿度，而蒸发量与日照时间则分列第四、五位，这与上述相关分析结果基本一致，但更为具体地揭示了它们与径流量关系的密切程度。

三、不同设计气候情景下流域径流量的模拟

前文关于流域气象要素变化趋势分析表明，近50年来，总体上，流域气温呈显著增加趋势，降雨量增加趋势不明显，而蒸发量则呈显著的下降趋势；各气象要素中，降雨量与气温与径流量关联度最大，其次为蒸发量。据此，考虑到模型中两个主要输入变量：降雨量和蒸发量，假设未来流域降雨量变化分别为−5%、−1%、+1%、+5%、+10%、+20% 6种情况，蒸发量变化分别为+5%、+1%、−1%、−5%、−15%、−20% 6种情况。以上两气候要素两两组合，构成未来气候变动的36种假想情景，运用改进的SCS月模型，同样选择该模型模拟效果较好的顺天流域，模拟计算其在有显著人类活动时期（1980—2000年）水文要素的变化率和径流量的变化幅度。水文要素依旧选择月径流量、汛期径流、枯水径流和最大径流。不同气候波动时顺天子流域径流量变化幅度见表5-4。降雨增加1%，蒸发变化为上述6种情况时，顺天子流域水文要素变化变化幅度见表5-5。

表5-4　　　　不同气候情景下顺天子流域月径流量变化幅度

降水量＼蒸发量	+5%	+1%	−1%	−5%	−15%	−20%
−5%	0.31	0.34	0.35	0.38	0.46	0.50
−1%	0.39	0.42	0.44	0.47	0.55	0.59
+1%	0.44	0.47	0.48	0.51	0.59	0.64
+5%	0.52	0.55	0.57	0.60	0.69	0.73
+10%	0.63	0.67	0.68	0.71	0.80	0.85
+20%	0.86	0.89	0.91	0.95	1.04	1.10

表5-5　　　　降水增加1%时顺天子流域各水文要素变化幅度

蒸发波动＼水文要素	月径流量	枯水径流	汛期径流	最大径流
+5%	0.44	0.45	0.42	−0.22
+1%	0.47	0.48	0.45	−2.17
−1%	0.48	0.50	0.46	−2.14
−5%	0.51	0.53	0.49	−2.08
−15%	0.59	0.62	0.57	−0.19
−20%	0.64	0.67	0.61	−0.18

由表 5-4 可知，若保持降雨量波动幅度不变，而使蒸发量减少幅度逐渐加大时，流域月径流量增幅逐渐加大；同理，保持蒸发量波动幅度不变，而使降雨量增加幅度逐渐加大时，流域月径流量增幅也是逐渐加大，这符合流域水量平衡原理，即相对闭合的流域内，随着降雨量的不断增加，蒸发量的减少，径流量会有所增加；不难发现，由降雨量变化引起的流域月径流量的增幅较由蒸发量变化引起的增幅大，二者相对变化率分别为 20.37% 和 7.52%。这表征着径流量对降雨量的敏感性远大于对蒸发量的敏感性，降雨量是决定流域径流量大小的最主要因子，这与上文关于流域各气象要素对径流相关系数和关联度大小的研究相一致。

表 5-5 反映了降水量增加 1% 时流域各水文要素的变化情况。随着蒸发量的不断减少，各水文要素表现为不断增加，且增幅不断加大；枯水径流量的增幅最大，范围在 0.4～0.7 之间，对气候波动最为敏感，月径流量次之，汛期径流量于三者之中最小，最大径流量则起伏较大，与王兆礼等研究结论基本一致（王兆礼，2007）。这在一定程度上反映了中国南方湿润地区气候变化下流域水文要素的变化特征。

第二节 基于 SDSM-SWAT 模型的未来气候变化及其对径流的影响研究

一、东江流域 SDSM 模型的建立

目前最常见的预估大尺度全球未来气候变化的方法是利用全球气候模式（GCM）。GCM 能较好地模拟出大尺度最重要的平均特征，对高层大气场、大气环流和近地面温度的模拟效果较好。然而，由于目前 GCM 输出的空间分辨率较低，缺乏区域气候信息，难以对区域气候情景作出全面详细的预测。Cubasch U（1996）。等利用多个低分辨率 AOGCM 模式预测地中海盆地区域情景并对结果做了较为详细的比较，结果表明这些 AOGCM 模式模拟的近地面温度效果好于对降水的模拟效果，但是模拟的温度和降水都有比较大的误差（Von Storch H 等，1996）。Risbey 等将不同分辨率的 GCM 模式应用于美国加州萨克拉门托，结果发现尽管模式产生了较符合实际的年平均降水量，但是其概率分布与观测值相去甚远（Risbey 和 Stone，1996）。这些研究结果表明 GCM 模式能较好地模拟大尺度气候变化，但是在模拟区域尺度上却很不理想。因此，为了弥补 GCM 在区域气候变化情景预测方面的不足，有两种方案可供选择：一是发展更高分辨率的 GCM 模式（Boville B A，1991；Boyle J S，

1996）；另外就是采用降尺度法。由于提高 GCM 的空间分辨率所需的计算量很大，降尺度方法无疑是更好的选择。

　　基于这样的观点：区域气候变化情景是以大尺度（如大陆尺度，甚至行星尺度）气候为条件的（Von Storch，1995；Von Storch，1999），降尺度法就是把 AOGCM 输出的大尺度、低分辨率信息转化为区域尺度的地面气候变化信息（如气温，降水量），从而弥补 AOGCM 对区域气候变化情景预测的局限。目前主要有两种降尺度方法：一种是统计降尺度法，Wilby 等对此方法的应用做了较为详细的介绍（Wilby 和 Wigley，1997；Wilby 等，2002；Wilby 和 Wigley，2000；Frey - Buness 等，1995）；另一种是动力降尺度法。GCM 模式提供的大尺度气候信息对无论哪种降尺度法都至关重要。动力降尺度法是指区域气候模式，即利用与 GCM 耦合的区域气候模式 RCM 来预测区域未来气候变化（Giorgi 和 Mearns，1991）。它具有以下优点：物理意义明确、能应用于任何地方且不受观测资料的影响、也可应用于不同的分辨率，但缺点就是计算量大、费时。另外，RCM 的性能受 GCM 提供的边界条件的影响很大，应用于不同的区域时需要重新调整参数（Mearns 等，1999）。另外，高分辨率的模式输出数据对温度、降水等要素预报的系统误差比较大，因此不可能为了满足地形复杂且气候变化差异大的小尺度气候模拟的需要，而无限提高 RCM 的分辨率。统计降尺度法恰好能弥补动力降尺度法在这些方面的不足。统计降尺度主要由以下的观点构成（范丽军，2006）：区域气候是受两种因子控制着，一种是大尺度气候状态，另一种是区域或当地的地文特征（指在每个区域内都能观察到的各种自然地理现象），例如地形，海陆分布，土地利用等（Von Storch，1995；Von Storch，1999）。

（一）SDSM 统计降尺度模型简介

　　SDSM（Statistical Downscaling Model）是一个综合了天气发生器和多元回归两种方法的统计降尺度模型（王宁，2014）。它主要包括三方面内容：①选择预报因子；②建立预报因子（NCEP 大气环流因子）与预报量（站点气象数据）之间的经验统计关系，以确定模型类型及参数；③根据建立好的模型，借鉴 GCM 未来情景模式数据降尺度生成站点气候要素的未来日序列。其中，预报因子的选择是 SDSM 模型的关键，预报因子 L 的选择需遵循以下原则：①与预报量 P 有较为明确的物理意义上的联系；②与预报量 P 之间有较强的相关性和一致性；③必须是实测数据和 GCM 输出数据中都有的因子；④必须是 GCM 能够准确模拟的因子。确定预报因子 L 后，SDSM 模型根据选定的一组预报量 P 与预报因子 L，建立统计相关关系，确定多元回归方程的参数，即对模型进行率定。建立预报量 P 和预报因子 L 之间的统计关系是 SDSM 的核心，其形式一般可表示为

$$P = F(L) \tag{5-6}$$

其中，预报量 P 可以根据研究目的以及站点资料来选择。F 为通过单纯形法或最小二乘法根据实测数据建立的多元回归方程（包含确定性的成分和随机性因子）。模型经过校准验证后，借鉴 GCM 未来情景模式数据降尺度生成站点气候要素的未来日序列，并与基准期的气候要素数据序列进行比较，分析研究区域气候要素未来变化的趋势。

（二）数据收集

降尺度研究所用到的数据主要包括：NCEP 再分析数据、实测气象数据及 GCM 输出数据。

（1）实测气象数据：提取中国气象科学数据共享服务网提供的覆盖东江流域的 12 个国家气象站 1961—2001 年逐日最高气温、最低气温、降水量数据作为预报量，站点分布可见图 5-3。

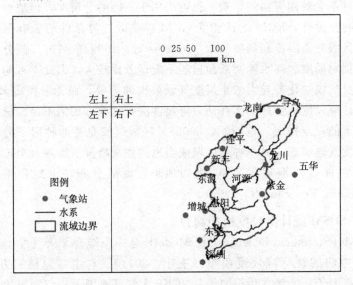

图 5-3　东江流域示意图及 HadCM3 网格划分

（2）NCEP 再分析数据。NECP 再分析资料是由美国环境预报中心（NECP）和美国国家大气研究中心（NCAR）联合推出的再分析日资料，其原始分辨率为 $1.875° \times 1.875°$，为与 GCM 数据分辨率保持一致，将 NCEP 网格数据重采样成 $2.50° \times 3.75°$ 分辨率。数据采用 1961—2001 年日序列数据，共有平均海平面气压、地表平均气温、比湿、相对湿度、纬向风速、经向风速、地转风速、风向、涡度、散度、500hPa 位势高度及 500hPa 高度场的相对湿度、纬向风速、经向风速、地转风速、散度、风向、涡度，850hPa 位势高度及 850hPa 高度场的相对湿度、纬向风速、经向风速、地转风速、风向、涡度、散度 26 个因子。本研究选取与 GCM 数据位置一致的 4 个 NCEP 网格数据。

（3）GCM 数据。HadCM3 是由英国 Hadley 气候预测与研究中心开发的全球气候模式，已有研究表明该模式在东亚地区具有较好的适用性，近年来不少国内学者应用该模式生成未来时期中国区域的气温、降水量并取得了很好的效果（黄俊雄等，2009；赵芳芳等，2008）。本研究采用毗邻东江流域的 4 个网格分辨率和 NECP 再分析资料相同的 HadCM3 模式网格（图 5 - 3）在 B2（低温室气体排放）和 A2（高温室气体排放）两种情景下的大气变量日值资料作为未来大尺度气候情景数据。

2000 年 IPCC 第三次评估报告公布了《排放情景报告（SRES）》，报告中根据不同社会经济发展设置了几种经典的温室气体排放情景，即 SERS 情景，分为 B1、B2、A1 和 A2。其中 B2 和 A2 的定义如下。

B2：全球人口数量以略低于 A2 情景的速度增长，经济发展处于中等水平，强调经济、社会和环境可持续发展，更注重环保，温室气体排放量增长相对缓慢。

A2：全球人口持续增长，各地域间新技术及生产力发展缓慢，经济发展主要面向区域，注重区域性合作。

因为 HadCM3 模式只考虑了 A2 和 B2 两种排放情景，只有两种情景下的未来气候情景数据，故本研究只进行东江流域在两种排放情景下的未来气候情景降尺度研究。

（三）预报因子的选择

许多研究表明应用统计降尺度方法进行未来情景预测时，选择不同的大尺度气候预报因子与预报量建立统计关系对预报量（实测站点数据）的模拟结果有很大影响。预报因子的选择是统计降尺度法应用过程中一个非常重要的环节，因为预报因子的选择很大程度上决定了生成的未来气候情景的特征。预报因子的选择一般遵循 4 个标准：①选择的预报因子要与所预报的预报量有很强的相关；②它必须能够代表大尺度气候的重要物理过程和大尺度气候变率；③所选择的预报因子必须能够被 GCM 较准确地模拟，从而纠正 GCM 的系统误差；④应用于统计模型的预报因子间应该是弱相关或无关的。因为大气环流对地面气候要素有重要的影响，因此大气环流常常成为预报因子的首选（张家诚和林之光，1985）。在 SDSM 模型中，预报因子的选择是一个迭代过程，用户需要根据得到的预报因子对预报量的季节相关分析、偏相关分析和散点图主观判断预报因子是否对预报量敏感，从而选择合适的预报因子，因此筛选预报因子是首要且最耗时的步骤（初祁等，2012）。已有学者（褚健婷等，2009）应用逐步多元回归方法优选预报因子。

SDSM 模型规定对于预报因子的选取是预报量站点所在的格点值，一般选取格点不同高度的风场、高度场等气象要素值。然而，无论从天气实际变化情况还是已有的少量相关研究来看，影响研究流域的环流因子不仅仅是站点所在的网格资料。已有研究表明，与预报量相关的大尺度气候模式网格的范围一般都比研究区域所在的网格的范围要大很多，TriPathi 等（2006）应用 36 个 NCEP 网格的预报因子研究和模拟区域的降水变化。多个网格的众多预报因子组成了一个多维的大尺度预报因子数据集，如果不进行降维和特征因子的选择，将会导致计算过程中的维数灾。很多学者应用主成分分析法（PCA）选择特征因子（Wetterhall F 等，2005；范丽军等，2005）。

1. 预报因子优选方法

（1）逐步多元回归（SMLR）。回归分析是用来确定两种及以上变量间相互依赖关系的一种统计分析方法。在绝大多数的实际问题中，影响因变量的因素往往有多个，这类回归称为多元回归（范丽军等，2005）。假定因变量 Y 是多个自变量 $X_1, X_2, \cdots, X_m$ 的多元函数，即

$$Y = \beta_0 + \beta_1 X_1 + \beta_2 X_2 + \cdots + \beta_m X_m + \mu \qquad (5-7)$$

称式（5-7）为 Y 关于 $X_1, X_2, \cdots, X_m$ 的多元回归模型，其中 Y 也称为被解释变量，$X_j (j = 1, 2, \cdots, m)$ 为 m 个自变量，$\beta_j (j = 0, 1, 2, \cdots, m)$ 为 $m+1$ 个待求参数，μ 为随机误差。因变量 Y 的期望值与自变量 $X_1, X_2, \cdots, X_m$ 之间的方程可描述为

$$E(Y) = \beta_0 + \beta_1 X_1 + \beta_2 X_2 + \cdots + \beta_m X_m \qquad (5-8)$$

式（5-8）称为多元回归方程，简称回归方程。

在模型回归函数的建立过程中，回归变量的选择非常重要，若漏掉某些对因变量影响显著的自变量，那么所建立的回归函数的预测结果将变得不可信；另外，如果方程中变量过多，不仅函数在使用过程中不方便，其中有些相关性不显著的因子也将会影响预测的效果。因此在模型回归函数中，选择合适的变量十分重要。目前回归变量的筛选方法主要包括向前引入法、向后剔除法和逐步回归法。

向前引入法首先假定回归函数中只包含常数项，然后再把自变量逐个引入，直到所得函数的回归效果最好为止。由于实际问题中各自变量之间可能存在着相互联系，后续自变量的引入很可能会使前面已选入的变量变得不重要。因此，向前引入法的最大缺点是得到的"最优"回归函数中可能包含一些对因变量影响不显著的自变量。与向前引入法相反，向后剔除法首先将全部变量都引入函数，然后逐个剔除对因变量作用不显著的变量。向后剔除法的最大缺点在于已经被剔除的变量可能因为后续变量的剔除而变得相对重要，因此由这种方法得到的"最优"回归函数中有可能漏掉一些相对重要的变量。本研究采用

的变量选择方法为逐步回归法，其计算流程如图 5-4 所示，它是上述两种方法的综合。被选入的变量，当其作用在新变量引入后变得不显著时，可将其剔除（其前面的系数取零）；被剔除的变量，当在新变量引入后变得重要时，便将其重新选入回归函数。这样一种变量可进可出的回归方法，称为逐步回归法。此方法克服了向前引入法和向后剔除法的固有缺点，具有良好的变量筛选特性。

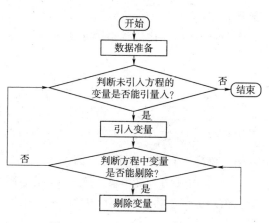

图 5-4　逐步多元回归流程图

　　（2）主成分分析方法。主成分分析法（principal component analysis，PCA）是一种掌握事物主要矛盾的统计分析方法，它可以从多元事物中解析出主要影响因素，揭示事物的本质，简化复杂的问题（郑晓雨等，2011）。计算主成分的目的是将高维数据投影到较低维空间。PCA 已广泛应用在统计降尺度预报因子的降维和压缩上，能够将原来较多的预报因子简化为少数几个新的综合指标因子。给定 n 个预报因子的 m 个观察值，形成一个 $m \times n$ 数据矩阵。对于由多个预报因子描述的大气环流模式，很难分清每个因子的主次性。在一般情况下，并不能直接找出这样的关键因子，这时可以用原有变量的线性组合来表示大气环流模式的主要方面，PCA 就是这样一种分析方法。

　　PCA 的目标是寻找 r（$r<n$）个新变量，使它们反映事物的主要特征，压缩原有数据矩阵的规模。每个新变量是原有变量的线性组合，体现原有变量的综合效果，具有一定的实际含义。这 r 个新变量称为"主成分"，它们可以在很大程度上反映原来 n 个变量的影响，并且这些新变量是互不相关的，也是正交的。通过主成分分析，压缩数据空间，将多元数据的特征在低维空间里直观地表示出来。例如，将多个时间点、多个实验条件下的大尺度预报因子（N 维）表示为三维空间中的一个点，即将数据的维数从 R^N 降到 R^3。

　　应用 PCA 对 NCEP 预报因子 X 进行主分量分析步骤：

　　1）对预报因子矩阵 X 中各个气候因子标准化处理，以消除不同单位量纲的影响，计算公式如下：

$$x_{ti} = \frac{x_{ti} - \bar{x}_t}{\sigma_t^2}, \; i=1,2,\cdots,m; \; t=1,2,\cdots,n \qquad (5-9)$$

式中：x_{ti} 为第 t 个预报因子的第 i 个观测值；$\bar{x}_t$、σ_t^2 分别为第 t 个预报因子的均值和方差。

2）计算标准化后预报因子矩阵 X' 的协方差矩阵 S：

$$S = \begin{bmatrix} s_{11} & \cdots & s_{1n} \\ \vdots & \ddots & \vdots \\ s_{n1} & \cdots & s_{nm} \end{bmatrix} \tag{5-10}$$

式中：$S_{ij} = \dfrac{1}{m} \sum\limits_{t=1}^{m} (x'_{it} - \overline{x_i})(x'_{jt} - \overline{x_j})$，$i, j = 1, 2, \cdots, n$；$\overline{x'_i}$、$\overline{x'_j}$ 分别为标准化后的第 i 和第 j 个预报因子的均值。

3）计算协方差矩阵 S 的特征向量矩阵 V 和特征值 λ_i，$i = 1, 2, \cdots, n$，特征值按大到小排序：$\lambda_1 > \lambda_2 > \cdots > \lambda_n$，其中特征向量矩阵 V 表达式如下：

$$V = \begin{bmatrix} v_{11} & \cdots & v_{1n} \\ \vdots & \ddots & \vdots \\ v_{n1} & \cdots & v_{nn} \end{bmatrix} \tag{5-11}$$

4）求主成分 Z：

$$z_{it} = \sum\limits_{k=1}^{n} v_{ik} x_{kt}, i = 1, 2, \cdots, n; t = 1, 2, \cdots, m \tag{5-12}$$

5）定义 $\dfrac{\lambda}{\sum\limits_{i=1}^{n} \lambda_i}$ 为第一主成分的贡献率。称 $\dfrac{\sum\limits_{j=1}^{r} \lambda_j}{\sum\limits_{i=1}^{n} \lambda_i}$ 为前 r 个主成分的累计贡献率。若前 r 个主成分的累计贡献率超过 90%，认为前 r 个主成分基本包含了原来指标信息。

2. 评价指标

本研究主要选取平均解释方差（E）和标准误差（SE）两个指标来评估模拟结果，其中模型的平均解释方差百分率反映了预报量与大尺度预报因子间的相关性大小，公式如下：

$$E = \frac{U}{S_{xy}} \tag{5-13}$$

式中：U 为回归平方和；S_{xy} 为离差平方和。

解释方差越大说明结果越好。

标准误差计算式如下：

$$SE = \sqrt{\varepsilon_1^2 + \varepsilon_2^2 + \cdots + \varepsilon_n^2} = \sqrt{\frac{\sum \varepsilon_i^2}{n}} \tag{5-14}$$

式中：$\varepsilon_i (i = 1, 2, \cdots, n)$ 为各预报值的误差；n 为预报值的个数。

标准误差越小说明结果越好。

标准误差反映了预报量对大尺度预报因子的敏感程度，解释方差和标准误差均反映了应用统计降尺度法评价未来气候变化的可靠性（赵芳芳和徐宗学，2008）。

3. 不同优选方法结果对比

本研究采取两种不同的方案筛选预报因子，并对比两种方案的结果，最终确定 12 个国家气象站关于日最高温度、日最低温度以及日降水量的预报因子。

方案一：采用逐步多元回归方法优选气象站点所在的 NCEP 网格的预报因子。由图 5-3 可知，12 个气象站点全部分布在 RD 网格内，因此利用 RD 网格 NCEP 再分析数据与 12 个站点实测数据建立逐步多元回归模型，并设置选入和剔除的显著性水平都为 0.05，选择合适的预报因子并建立预报量和 NCEP 大尺度环流因子之间的经验统计关系。

方案二：采用逐步多元回归方法对东江流域临近的 4 个网格 LU、LD、RU、RD 所有具有物理意义的预报因子进行筛选，然后利用主成分分析法对筛选出来的预报因子降维，最后建立 12 个站点与主成分的经验统计关系。与气象站点预报量相关的预报因子可能不在气象站点所在的 NCEP 网格，因此首先对周边所有 NCEP 网格内的因子进行筛选，又由于东江流域靠近海洋，其东方和南方的网格全部为海洋，故选取 LU、LD、RU、RD 4 个网格作为逐步多元回归方法筛选的范围。同样，逐步多元回归模型设置选入和剔除的置信度都为 0.05。主成分分析法设置主成分的阈值为累积贡献率达到 90%。

两种方案的标定时段均为 1961—1990 年，观测数据缺测值用 -99 代替，建立预报量与预报因子之间的月模型，其中日最高温度和日最低温度为无条件过程，日降水量为有条件过程。同时由于降水数据不服从正态分布，用四次方根方法转换。用月模型的平均标准误差 SE 和平均解释方差 E 评价结果，见表 5-6 及表 5-7。

表 5-6 两种方法优选预报预报因子的标准误差

SE		龙南	连平	新丰	寻乌	龙川	东莞	东源	增城	惠阳	五华	紫金	深圳
PRCP	2	0.47	0.47	0.48	0.48	0.50	0.50	0.50	0.50	0.49	0.49	0.50	0.51
	1	0.46	0.46	0.47	0.47	0.48	0.49	0.49	0.50	0.48	0.48	0.48	0.50
TMAX	2	2.54	2.33	2.36	2.41	2.40	1.92	2.29	2.08	2.08	2.40	2.23	1.80
	1	2.40	2.19	2.21	2.05	2.28	2.25	1.91	2.07	1.78	1.91	2.11	2.02	1.76
TMIN	2	1.92	1.88	1.85	1.92	1.81	1.52	1.67	1.58	1.63	1.72	1.76	1.60
	1	1.82	1.74	1.83	1.87	1.63	1.44	1.60	1.53	1.44	1.49	1.63	1.40

注 PRCP 指日降水量；TMAX 指日最高温度；TMIN 指日最低温度；1 指方案一；2 指方案二。

由表 5-6 可知，两种方案建立的日降水月模型的平均标准误差为 0.46～0.51mm，日最高温度月模型的平均标准误差为 1.76～2.54℃，日最低温度月模型的平均标准误差为 1.40～1.92℃。对比方案一和方案二的结果可知，无论是日降水月模型、日最高温度月模型还是日最低温度月模型，方案二的平均标准误差略高于方案一的结果，说明方案一的结果更好。

表 5-7 两种方法优选预报因子的解释方差

E		龙南	连平	新丰	寻乌	龙川	东莞	东源	增城	惠阳	五华	紫金	深圳
PRCP	2	0.18	0.24	0.23	0.19	0.18	0.22	0.23	0.23	0.25	0.19	0.20	0.25
	1	0.24	0.26	0.26	0.23	0.23	0.26	0.25	0.25	0.27	0.23	0.26	0.29
TMAX	2	0.64	0.64	0.60	0.65	0.64	0.63	0.62	0.57	0.64	0.62	0.62	0.62
	1	0.66	0.68	0.68	0.67	0.67	0.67	0.66	0.69	0.67	0.67	0.62
TMIN	2	0.60	0.60	0.62	0.60	0.59	0.62	0.61	0.61	0.57	0.58	0.61	0.56
	1	0.63	0.64	0.61	0.60	0.65	0.64	0.62	0.61	0.63	0.66	0.64	0.63

注　PRCP 指日降水量；TMAX 指日最高温度；TMIN 指日最低温度；1 指方案一；2 指方案二。

由表 5-7 可知，两种方案建立的日降水月模型的平均解释方差为 0.18～0.29，日最高温度月模型的平均解释方差为 0.57～0.69，日最低温度月模型的平均解释方差为 0.56～0.66。对比方案一和方案二的结果可知，无论是日降水月模型、日最高温度月模型还是日最低温度月模型，方案二的平均解释方差略低于于方案一的结果，说明方案一的结果更好。

相比参考文献（初祁等，2012；褚健婷，2009），可知两种方案的结果都令人满意，这说明了建立的模型比较成功，也表明气温与环流因子有较好的相关性。另外，对日最低气温的解释方差略差于日最高气温，日最低气温的平均标准误差略低于日最高气温。

日降水量比日温度的不确定性更大，因此用统计降尺度方法建立预报量和预报因子之间的经验关系解释方差普遍比较小，这也是统计降尺度的一个难点和方向。

通过对比两种方案可知，方案一比方案二结果略好。因为数据标准化过程中消除了量纲的影响同时也抹杀原始变量的离散程度，而方差是对数据信息的重要概括形式，标准化后却变为 1，也就是说原始数据在标准化过程中损失了一部分重要信息，这也使得各变量在主成分构成中的作用趋于相等。因此，选择第一种方案建立的预报量与预报因子之间的经验统计关系作为 SDSM 统计降尺度模型的参数。

另外 12 个站点的月模型效果普遍存在汛期结果差于非汛期结果的现象，由于篇幅所限，仅以龙南站为例进行说明，见表 5-8。由表可知，无论方案一还是方案二，日降水月模型在 5—8 月标准误差 $SE > 0.5mm$，6—9 月解释方差 $E < 0.2$，尤其 8 月仅为 0.08 或 0.09；日最高温度月模型在 6—9 月标准

误差 $SE<2.0℃$，5—8 月解释方差 $E<0.6$；日最低温度月模型在 5—9 月标准误差 $SE<2.0℃$，尤其 7 月和 8 月仅为 $0.82\sim0.9℃$，而 5—8 月解释方差 $E<0.6$，尤其是 7 月仅为 0.27 或 0.29。对于日降水月模型汛期标准误差增大，解释方差减小；对于日最高温度和日最低温度汛期标准误差减小，解释方差也减小。这两种现象普遍存在，其原因有待进一步探索。

表 5 - 8　　　　　　　　龙南站各预报量对应的月模型解释方差和标准误差

月份	PRCP				TMAX				TMIN			
	SE		E		SE		E		SE		E	
	2	1	2	1	2	1	2	1	2	1	2	1
1	0.4	0.35	0.24	0.41	3.16	2.87	0.72	0.77	2.63	2.34	0.62	0.7
2	0.39	0.38	0.26	0.31	3.51	3.17	0.75	0.8	2.48	2.33	0.7	0.74
3	0.43	0.43	0.29	0.3	3.74	3.4	0.62	0.69	2.52	2.38	0.68	0.71
4	0.47	0.48	0.23	0.22	2.96	2.89	0.6	0.61	2.1	1.97	0.69	0.73
5	0.51	0.51	0.2	0.2	2.43	2.41	0.52	0.53	1.73	1.68	0.57	0.59
6	0.58	0.57	0.11	0.14	1.88	1.92	0.6	0.58	1.17	1.17	0.58	0.59
7	0.5	0.5	0.1	0.12	1.54	1.58	0.55	0.52	0.83	0.82	0.27	0.29
8	0.53	0.53	0.08	0.09	1.34	1.51	0.58	0.47	0.87	0.9	0.41	0.37
9	0.5	0.49	0.1	0.13	1.95	1.87	0.66	0.69	1.49	1.37	0.64	0.69
10	0.5	0.47	0.15	0.25	2.44	2.18	0.65	0.72	2.13	1.96	0.68	0.73
11	0.42	0.39	0.21	0.3	2.76	2.49	0.68	0.74	2.39	2.35	0.69	0.7
12	0.43	0.38	0.22	0.38	2.84	2.57	0.7	0.78	2.71	2.61	0.64	0.67
平均值	0.47	0.46	0.18	0.24	2.54	2.4	0.64	0.66	1.92	1.82	0.6	0.63

（四）SDSM 模型的校准和验证

实测预报量和美国国家大气研究中心（National Centers for Environmental Prediction，NCEP）大尺度环流因子之间的统计关系建立后，必须对统计降尺度模型进行可靠性检验，一般可以用独立数据进行检验或者数据本身的交叉检验，本研究选取第一种方式：将气象站点的实测数据分为校准期（1961—1990 年）和独立的验证期（1991—2001 年）两个阶段。

将校准期（1961—1990 年）和验证期（1991—2001 年）NCEP 再分析数据及 HadCM3 模式 A2 和 B2 两种情景下未来情景降尺度生成东江流域的日降水量、日最高气温和日最低气温序列，对实测数据、3 类 SDSM 降尺度数据进行比较分析，由于篇幅有限，选取惠阳站结果，如图 5-5～图 5-7 所示。在校准期和验证期内，东江流域日最低气温、最高气温的模拟值和实测值拟合较好。统计模拟系列均值（Mean）、方差（Sted）、最大值（Max）以及最小值（Min），降水最小值为 0，故降水只统计 3 项指标。

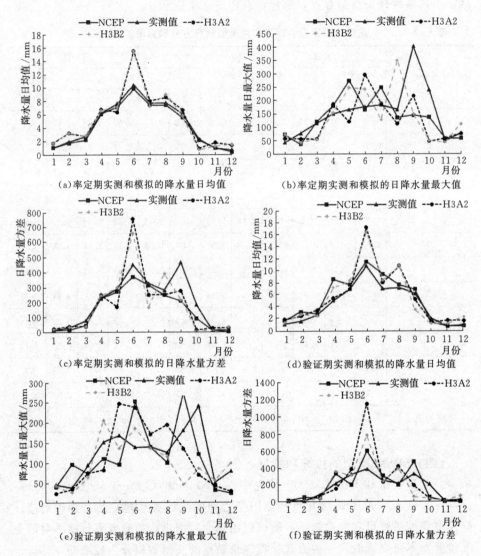

图 5-5　实测和模拟的日降水量

H3A2—HadCM3 气候模式的 A2 情景；H3B2—HadCM3 气候模式下的 B2 情景

由图 5-5 可知，日降水量降尺度数据与实测值的模拟效果稍差，率定期 NCEP 降尺度数据日均降水拟合良好，而 A2 和 B2 情景降尺度数据在 6 月高于实测值接近 6mm。由率定期日降水量月最大值和方差可以看出，降水极值的拟合效果更差，主要原因在于东江流域日最大降水来源于暴雨和台风雨，在不同月份受不同的天气模式影响，而 SDSM 模型对暴雨模拟时的方差放大，而模拟台风雨时方差缩小。验证期的效果好于率定期，由日降水量月最大值和方差可以看出 SDSM 模型对台风雨也有一定的模拟能力，只是受限于台风的不确定性较大，难以有效的统计概括。从预报因子的解释方差和标准误差以及率定期和验证期的效果图可知，SDSM 模型对降水量的模拟较差，究其原因，在于降水存在较大的不确定性，主要体现在三方面：①降水的形成机制，降水是多种因素综合作用的结果，不同降水过程不同气象因素有不同程度改变，东江流域雨季早期的暴雨和雨季后期的台风雨形成机制截然不同；②所选择的 HadCM3 两种情景的预报因子本身存在很大的不确定性，这种不确定性是由 HadCM3 模式的不确定性导致的；③降水下垫面尤其是地形等因素影响，所以降尺度生成降水不可避免地存在一定的误差。

由图 5 - 6 可知，惠阳站日最高温度无论在校准期（1961—1990 年）还是验证期（1991—2001 年）月平均值拟合良好，HadCM3 模式下 A2、B2 情景降尺度数据拟合良好，正负偏差不超过偏差 2℃，验证期效果差于率定期。序列的月最大值和月最小值反映了建立的 SDSM 降尺度模型对气象极值的拟合能力，均值联合方差从概率分布方面反映了模型对实测数据的特征的拟合能力。惠阳站日最高温度月最大值数据比实测值在 1—5 月低，最大幅度为 6℃，A2 情景下降尺度数据在 5 月达到 45℃，在 6—12 月模拟良好，唯有验证期 A2 情景下降尺度数据在 6 月高于其他序列数据。同时可以看出，日最高温度月最大值的变化不大，幅度为 28～40℃；模型对日最高温度月最小值的控制稍微差于月最大值，春季的模拟能力差于其他季节。从方差图可以看出，模型能较好地控制数据的离散，NCEP 降尺度数据与实测数据最接近，A2 和 B2 降尺度数据分别在率定期的 2 月低于实测值在率定期的 3 月高于实测值，在验证期的 2 月低于实测值。

由图 5 - 7 可知，惠阳站日最低温度的模拟效果良好，日最低温度月平均值无论在率定期还是验证期都拟合得不错，仅仅在验证期的 1—3 月降尺度数据稍高于实测值。日最低温度月最大值的效果略差于日最高温度月最大值，验证期降尺度数据各月的最大值比实测值大，尤其是春季幅度最大。日最低温度月最小值的模拟效果好于日最高温度月最小值，验证期的 2 月结果稍差，B2 情景下降尺度数据高于实测值，而 NCEP 和 A2 降尺度数据低于实测值。由方差图可知，在率定期 NCEP 降尺度数据与实测值拟合良好，A2 和 B2 降尺度数据方差在 1—2 月低于实测值，其他月份稍高于实测值；而在验证期降尺度数据方差在春季与实测值有较大的偏差其他月份拟合良好。

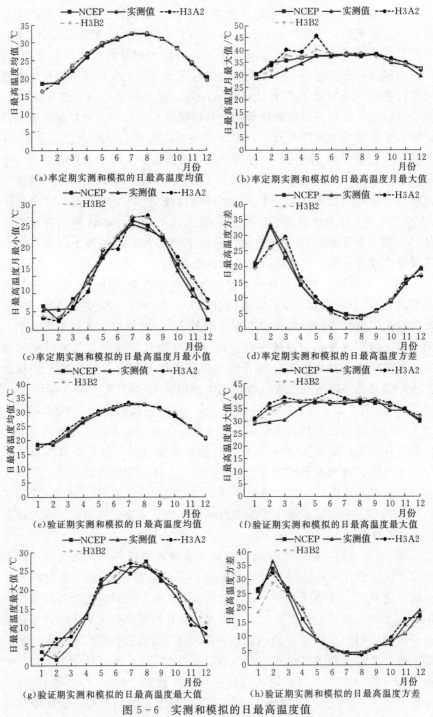

图 5-6　实测和模拟的日最高温度值

H3A2—HadCM3 气候模式下的 A2 情景；H3B2—HadCM3 气候模式下的 B2 情景

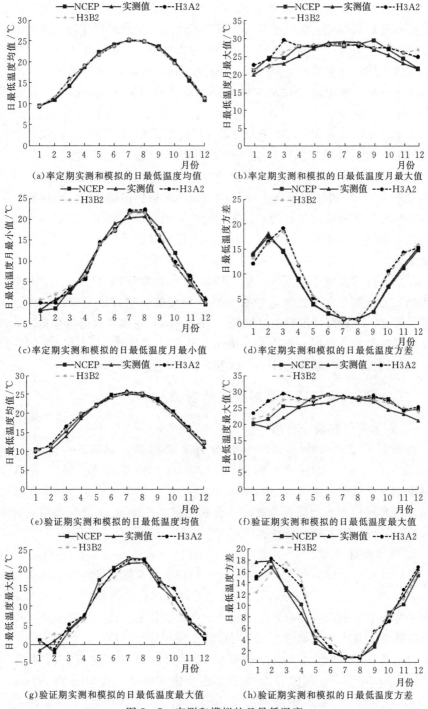

（a）率定期实测和模拟的日最低温度均值

（b）率定期实测和模拟的日最低温度月最大值

（c）率定期实测和模拟的日最低温度月最小值

（d）率定期实测和模拟的日最低温度方差

（e）验证期实测和模拟的日最低温度均值

（f）验证期实测和模拟的日最低温度最大值

（g）验证期实测和模拟的日最低温度最大值

（h）验证期实测和模拟的日最低温度方差

图 5 - 7　实测和模拟的日最低温度

H3A2—HadCM3 气候模式下的 A2 情景；H3B2—HadCM3 气候模式下的 B2 情景

综上所述，建立的东江流域 SDSM 降尺度模型可以对日最高温度和日最低温度有良好的模拟，同时也从极值可以看出统计降尺度模型随机产生的数据并非完全令人满意，主要原因模型只能从方差控制极值的产生而缺乏对物理机制的考虑。同时可以看出，HadCM3 模式在东江流域不错的适用性。因此用 SDSM 模型降尺度 HadCM3 未来情景预测东江流域未来气候的变化是比较可靠的。

综上，本研究利用 GCM 未来情景降尺度生成预测未来气候，建立了东江流域 SDSM 统计降尺度模型。主要步骤和结论如下。

（1）引入逐步多元回归和主成分分析法，设置两种方案优选预报因子，以解释方差（$E\%$）和标准误差（SE）两项指标评估模拟结果，对比两种方案的效果。两种方案的结果都不错，方案一的结果略好于方案二，方案一为预报因子的选择提供了简单易行的思路，另外温度的结果好于降水，汛期结果差于非汛期结果。

（2）通过对模型率定期（1961—1990 年）和验证期（1991—2001 年）降尺度结果分析知，东江流域建立的 SDSM 模型能够很好地模拟日最高温度和日最低温度，三种降尺度数据（NCEP、A2、B2）与实测数据拟合良好。日降水量模拟效果差于温度，原因在于降水过程的不确定性。A2 和 B2 情景数据与实测值的拟合效果较好，HadCM3 在东江流域适用性良好。

二、未来气候特征及其对径流的影响

（一）未来气候特征分析

将未来 89 年（2011—2099 年）分为 3 个时段，即 2020s（2011—2040年）、2050s（2041—2070 年）和 2080s（2071—2099 年），以 1961—2001 年作为基准期进行对比。将 HadCM3 模式 A2 和 B2 两种排放情景数据输入验证过的统计降尺度模型进行降尺度处理，分别生成东江流域 12 个气象站点的未来日最高、最低气温和降水量数据序列。

1. 降水特征分析

SDSM 模型生成的东江流域各站点日均降水量未来情景相对基准期值的变化（表 5-9）。统计结果显示，东江流域大部分站点在两种情景下未来 3 个时段降水量有增加的趋势，但是各个站点的趋势变化不一致，反映了降水变化的空间异质性，其中东莞站未来 3 个时段降水量相比基准期少，但是 3 个阶段降水量有依次增加的趋势。东江流域降水量随时间增加明显，两种情景下 2020s、2050s、2080s 阶段降水量增加幅度依次增大。可以看到 A2 情景下 2050s 阶段平均比 2020s 阶段增加 0.8mm，其中寻乌和东莞站增加幅度小于 0.1mm，而东源、增城和惠阳站增加幅度为 1mm。2080s 阶段平均比 2050s 阶段平均增加 1.2mm，其中龙川、东源和增城站增加幅度显著。B2 情景下 2050s 阶段平均比 2020s 阶段增加 0.5mm，2080s 阶段平均比 2050s 阶段增加 0.4mm。有此看出 A2 情景比 B2 情景有更快的降水量增多趋势。然而两种情景下 2020s 阶段相对基准期的增加幅度各异，可以看出统计降尺度模型能够敏感地捕捉到不同站点历史观测数据的差别。

　　将得到的 12 个站点的未来 89 年的日降水数据经过插补补全序列，然后利用泰森多边形法插值到东江流域得到东江流域的平均面雨量，见图 5-8。由图 5-8 可知，两种情景下未来 3 个时段降水量呈振荡增多，A2 情景比 B2 情景有更快的增多趋势，由线性回归分析知，A2 情景下趋势为 96mm/10a，B2 情景下趋势为 53mm/10a。同时可知，两种情景下在预测期开始阶段的降水量与基准期降水量均值差别不大，说明 SDSM 模拟的未来降水没有发生跳跃，降水趋势明显的原因在于 GCM 数据本身的趋势性，建立的降尺度模型并没有趋势项。

　　降水量相对基准期的空间分布见图 5-9。对比发现相同时段两种情景相对基准期的变化在东江流域有一致的分布，同时发现同一情景不同阶段相对基准期的变化在东江流域的分布具有一致性。时间上和数据的一致性体现了 SDSM 模型参数独立于时间和数据，模型的结果主要表现了数据本身的特征。

表 5-9　　东江流域各站点日均降水量未来情景相对基准期值的变化　　单位：mm

站点名称	观测值	2020s		2050s		2080s	
		A2	B2	A2	B2	A2	B2
龙南	4.17	0.72	0.43	1.05	0.85	1.54	1.42
连平	4.83	0.70	0.69	1.94	1.65	2.12	1.97
新丰	5.19	1.48	1.18	2.37	2.14	2.56	2.32
寻乌	4.51	0.17	0.02	0.10	0.13	0.50	0.42
龙川	4.64	1.23	1.03	1.93	1.85	3.21	2.58
东莞	4.86	−0.43	−0.20	−0.37	−0.29	−0.06	−0.10
东源	5.30	1.71	1.57	2.92	2.50	3.83	2.90
增城	5.20	1.30	1.54	2.74	2.49	3.62	2.66
惠阳	4.70	1.19	1.43	2.28	2.29	3.47	2.56
五华	4.10	0.88	0.72	1.24	1.24	1.82	1.64

续表

站点名称	观测值	2020s		2050s		2080s	
		A2	B2	A2	B2	A2	B2
紫金	4.73	1.62	1.88	2.43	2.28	3.37	2.73
深圳	5.14	1.72	1.64	2.30	2.00	3.26	2.54

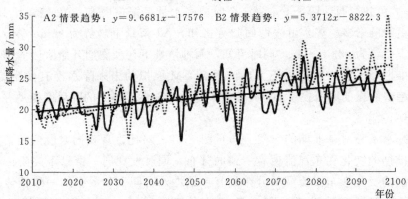

图 5-8　未来情景下东江流域平均面雨量

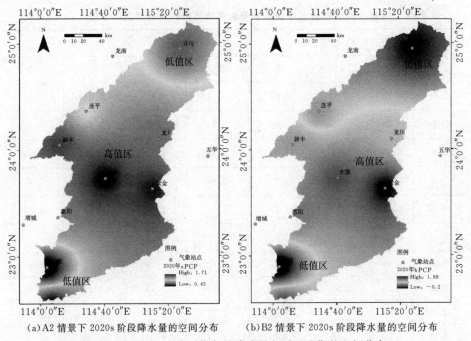

　　(a)A2 情景下 2020s 阶段降水量的空间分布　　　(b)B2 情景下 2020s 阶段降水量的空间分布

图 5-9（一）　未来时期年均降水量相对基准期的空间分布

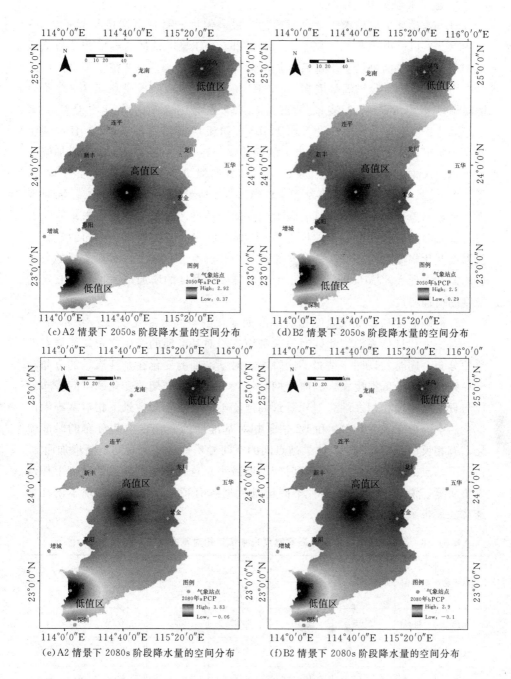

(c)A2 情景下 2050s 阶段降水量的空间分布

(d)B2 情景下 2050s 阶段降水量的空间分布

(e)A2 情景下 2080s 阶段降水量的空间分布

(f)B2 情景下 2080s 阶段降水量的空间分布

图 5 - 9（二） 未来时期年均降水量相对基准期的空间分布

2. 温度特征分析

SDSM 模型生成的未来 3 个时段的日最高温度和日最低温度结果见表 5 -
10 和表 5 - 11。由表 5 - 10 和表 5 - 11 可知，东江流域日最高温度和日最低温
度未来 3 个时段两种情景下都有增加的趋势。日最高温度 A2 情景下 2050s 阶
段平均比 2020s 阶段增温幅度多 1℃，B2 情景下 2050s 阶段平均比 2020s 阶段
增温幅度多 0.5℃；A2 情景下 2080s 阶段平均比 2050s 阶段增温幅度多
1.2℃，B2 情景下 2080s 阶段平均比 2050s 阶段增温幅度多 0.8℃。日最高温
度 A2 情景下增加趋势比 B2 情景下的趋势快，在 2020s 阶段 B2 情景增加幅度
大于 A2 情景增加幅度，而在 2050s 和 2080s 阶段 A2 情景增加幅度超过 B2 情
景，A2 情景在本世纪末最高增温 3.38℃，B2 情景最高增温 2.84℃。同时发
现，日最高温度的增加幅度具有较大的空间异质性。日最低温度在未来时段有
与日最高温度一致的变化，同样是 A2 情景有更快的增加速度，不同的是日最
低温度变化幅度在东江流域的分布相对日最高温度变化幅度在东江流域的分布
更均匀。对比表 5 - 10 和表 5 - 11 可知，日最低温度的增加幅度稍高于日最高
温度的增加幅度。

日最高温度和日最低温度相对基准期变化的空间分布见图 5 - 10 和图 5 -
11。对比发现日最高温度相同时段两种情景相对基准期的变化在东江流域有一
致的分布，同时发现同一情景不同阶段相对基准期的变化在东江流域的分布具
有一致性。日最低温度在未来时段两种情景下相对基准期的变化的空间分布规
律与日最高温度相似。综合对比日最高温度不同时段不同情景下相对基准期的
变化的空间分布，发现 A2 和 B2 情景相对基准期的变化在空间分布的时间变
化上有相反的趋势，即 A2 情景站点间的空间异质性会随着时间不断增加而 B2
情景下站点的空间异质性会随着时间不断减小。这种规律在日最低温度上体现
地更明显。说明 HadCM3 两种不同情景数据各有特点，也更能体现不同社会
经济发展带来的差异性结果。

表 5 - 10　　东江流域各站点日最高温度未来情景相对基准期值的变化　　单位：℃

站点名称	观测值	2020s		2050s		2080s	
		A2	B2	A2	B2	A2	B2
龙南	24.21	0.96	1.10	2.22	1.73	3.79	2.72
连平	25.09	0.17	0.27	1.03	0.64	1.94	1.32
新丰	25.61	1.18	0.74	2.14	1.75	3.32	2.84
寻乌	24.52	0.69	0.75	1.76	1.24	2.98	2.05

续表

站点名称	观测值	2020s		2050s		2080s	
		A2	B2	A2	B2	A2	B2
龙川	26.13	0.82	0.92	1.95	1.46	3.19	2.26
东莞	26.42	0.30	0.40	0.98	0.73	1.72	1.22
东源	26.37	0.76	0.85	1.70	1.30	2.84	2.00
增城	26.33	0.67	0.69	1.64	1.19	2.62	1.88
惠阳	26.48	0.94	1.03	2.12	1.64	3.38	2.44
五华	26.23	0.98	1.01	2.08	1.62	3.20	2.39
紫金	26.33	0.96	1.01	1.98	1.51	3.14	2.26
深圳	26.51	0.76	0.88	1.86	1.38	2.94	2.09

表 5 - 11 东江流域各站点日最低温度未来情景相对基准期值的变化   单位：℃

站点名称	观测值	2020s		2050s		2080s	
		A2	B2	A2	B2	A2	B2
龙南	15.31	0.72	0.75	1.79	1.49	3.33	2.30
连平	16.12	0.76	0.79	1.93	1.54	3.69	2.51
新丰	16.64	0.84	0.94	1.32	1.97	2.02	3.62
寻乌	15.13	0.89	0.91	1.96	1.66	3.51	2.50
龙川	16.82	0.82	0.84	2.03	1.65	3.71	2.59
东莞	19.03	0.75	0.75	1.77	1.42	3.20	2.19
东源	17.88	0.96	0.99	2.08	1.69	3.69	2.58
增城	18.33	0.83	0.86	1.90	1.50	3.31	2.35
惠阳	18.55	0.94	1.02	2.06	1.68	3.53	2.52
五华	17.65	1.01	1.06	2.14	1.79	3.54	2.58
紫金	16.64	0.96	0.97	2.00	1.65	3.54	2.53
深圳	19.10	0.52	0.62	1.68	1.24	3.08	2.11

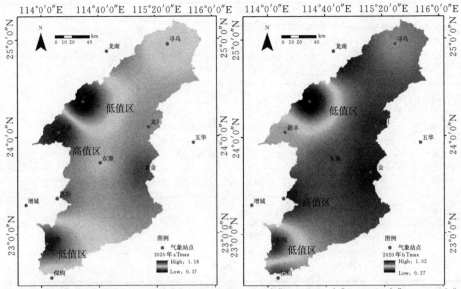

（a）A2情景下2020s阶段日最高温度的空间分布　（b）B2情景下2020s阶段日最高温度的空间分布

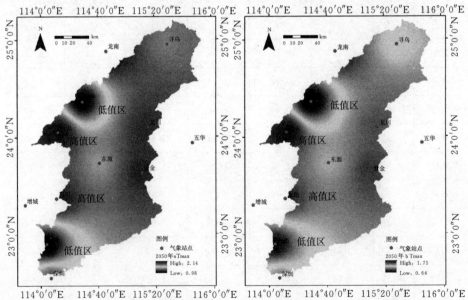

（c）A2情景下2050s阶段日最高温度的空间分布　（d）B2情景下2050s阶段日最高温度的空间分布

图5-10（一）　未来时期年均日最高温度相对基准期的空间分布

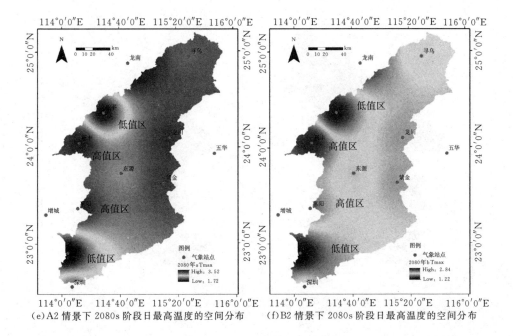

(e)A2 情景下 2080s 阶段日最高温度的空间分布　　(f)B2 情景下 2080s 阶段日最高温度的空间分布

图 5 - 10（二）　　未来时期年均日最高温度相对基准期的空间分布

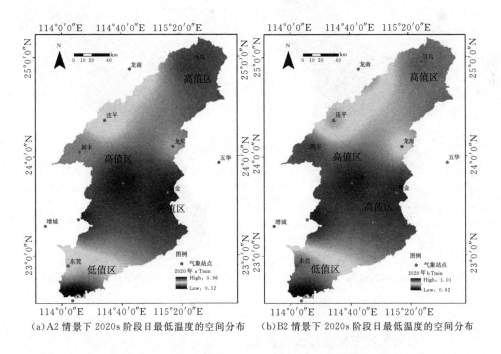

（a）A2 情景下 2020s 阶段日最低温度的空间分布　　（b）B2 情景下 2020s 阶段日最低温度的空间分布

图 5 - 11（一）　　未来时期年均日最低温度相对基准期的空间分布

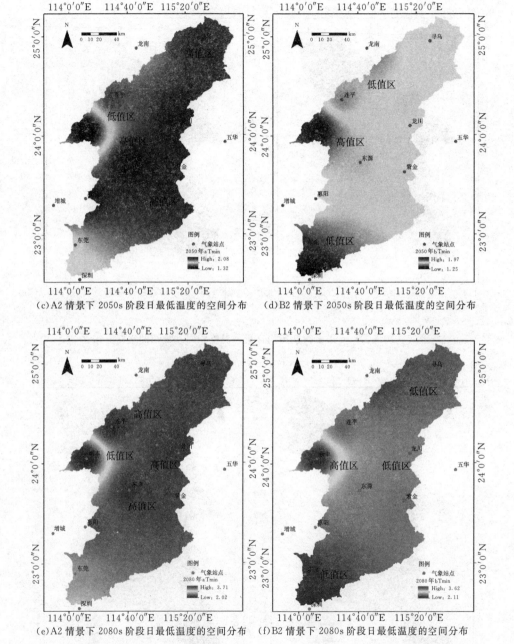

(c)A2 情景下 2050s 阶段日最低温度的空间分布　(d)B2 情景下 2050s 阶段日最低温度的空间分布

(e)A2 情景下 2080s 阶段日最低温度的空间分布　(f)B2 情景下 2080s 阶段日最低温度的空间分布

图 5-11（二）　未来时期年均日最低温度相对基准期的空间分布

（二）　未来气候变化对径流的影响

把上述降尺度生成的两种情景下东江流域各站点未来 2011—2099 年日

最低气温、最高气温和降水量数据经过插补填充缺测数据（输出的气候数据每年只有 360 个数据，SWAT 模型输入数据要求一年 365 个或 366 个数据）后输入到 SWAT 模型中，其他气象数据由 SWAT 模型中内置的天气发生器根据建立好的气象数据库参数自动生成。模拟未来 89 年 3 个时段流域不同区域径流变化，3 个水文站两种情景下的径流模拟结果如图 5 - 12 和图 5 - 13 所示。可以看出，在未来 89 年 3 个时段两种情景下，径流量呈不明显的增加趋势。A2 情景下，全流域径流呈不明显的上升趋势，上游径流增加速度为 $0.31\text{m}^3/(\text{s}\cdot100\text{a})$，中游径流增加速度为 $1.36\text{m}^3/(\text{s}\cdot100\text{a})$，下游径流增加速度为 $2.35\text{m}^3/(\text{s}\cdot100\text{a})$，可以看出越靠近流域出口径流增加速度越快，主要原因在于东江流域下游区域在未来 3 个时段降水量的趋势比其他区域大。分段线性回归分析的结果和整体的趋势是一致的，只是各个阶段的增加趋势不一，大体上 2020s 阶段比 2050s 和 2080s 阶段的增加趋势更快。B2 情景下，全流域径流呈不明显的上升趋势，增加速度比 A2 情景下更慢，上游径流增加速度为 $0.2\text{m}^3/(\text{s}\cdot100\text{a})$，中游径流增加速度为 $0.89\text{m}^3/(\text{s}\cdot100\text{a})$，下游径流增加速度为 $1.44\text{m}^3/(\text{s}\cdot100\text{a})$，也就是说越靠近流域出口径流增加速度越快，主要原因也在于 B2 情景下东江流域中下游区域在未来 3 个时段降水量的趋势比其他区域大。分段线性回归分析的结果和整体的趋势有差异，可以看出东江上游 3 个时段、东江中游 2050s 和 2080s 阶段及东江下游 2050s 阶段的线性回归分析的结果都为负值，说明这些阶段径流减少，这和整体有增加趋势不矛盾，分段线性趋势往往受边界值的影响，可以看出这些线性趋势为负值的阶段的起始径流量一般比较大而终止径流量又比较小。由表 5 - 12 可知，两种情景下 2050s 阶段和 2080s 阶段相比基准期流量增加显著，尤其是 A2 情景下 2080s 下游增加量接近基准期的 2/3，增加幅度与降水量的增加幅度大体相同。

表 5 - 12　　　　未来情景下东江流域不同区域不同时段的平均流量　　　单位：m^3/s

区域	基准期	情景	2020s	2050s	2080s
上游	177.11	A2	200.24	221.22	261.89
		B2	190.50	217.80	246.67
中游	454.25	A2	493.92	556.70	667.77
		B2	477.23	533.28	585.73
下游	681.5	A2	748.14	918.19	1127.67
		B2	747.01	888.20	981.74

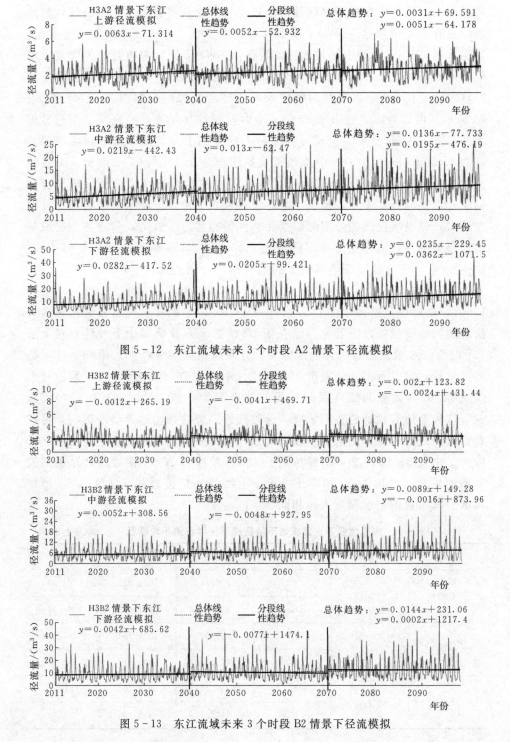

图 5-12　东江流域未来 3 个时段 A2 情景下径流模拟

图 5-13　东江流域未来 3 个时段 B2 情景下径流模拟

（三）结论

本研究应用 SDSM 统计降尺度模型模拟 HadCM3 输出的 A2 和 B2 气候情景生成东江流域未来 3 个时段两种气候情景下的气温和降水序列，并作为 SWAT 模型的输入，分析了未来气候情景下东江流域径流的变化，得到如下结论。

（1）未来气候情景下东江流域的气温总体呈上升趋势，不同站点增温幅度不一致。各站点从 2020s 到 2080s 上升幅度逐渐加大。A2 情景下的温度增加趋势比 B2 情景更大，2020s 时段 A2 情景下的增温幅度小于 B2 情景，但 2050s 和 2080s 阶段 A2 情景比 B2 情景有更大的增温幅度。日最高气温的增温幅度比日最低气温的增温幅度略小。

（2）未来气候情景下降水的变化总体与温度变化一致，总体呈现增加趋势，但降水的不确定性较大。年降水量的变化中，除东莞站外各站的降水量都呈现增加趋势，且随时间增长不断增加。A2 情景下的降水增加趋势比 B2 情景更大。

（3）气候变化会引起径流的变化，总体来说东江流域降水补给增多，气温升高蒸发未必增加，使得径流增多且 A2 情景下的径流增加趋势比 B2 情景更大。B2 情景下径流的变化较为复杂，在不同阶段不同站点存在差异，在总体径流增加的趋势下部分站点不同时段线性回归分析的结果都为负值。预测未来气候变化并模拟未来时段流域径流存在许多不确定性，包括统计降尺度模型的选取及预报因子的选择、建立的降尺度模型、全球气候模式 GCM、水文模型的率定和应用等的不确定性。

参 考 文 献

［1］ 初祁，徐宗学，蒋昕昊. 两种统计降尺度模型在太湖流域的应用对比［J］. 资源科学，2012，34（12）：2323－2336.

［2］ 褚健婷，夏军，许崇育. SDSM 模型在海河流域统计降尺度研究中的适用性分析［J］. 资源科学，2008，30（12）：1825－1832.

［3］ 范丽军，符淙斌，陈德亮. 统计降尺度法对未来区域气候变化情景预估的研究进展［J］. 地球科学进展，2005，20（03）：320－329.

［4］ 范丽军. 统计降尺度方法的研究及其对中国未来区域气候情景的预估［D］. 北京：中国科学院研究生院（大气物理研究所），2006.

［5］ 何艳虎，林凯荣. 降雨空间插值方法在东江流域的比较运用［J］. 水力发电，2010，36（10）：7－9.

［6］ 石教智，陈晓宏，吴甜. 东江流域降雨径流变化趋势及其原因分析［J］. 水电能源科学，2005，23（5）：8－10.

［7］ 王渺林，夏军．土地利用变化和气候波动对东江流域水循环的影响［J］．人民珠江，2004，25（2）：4-6．

［8］ 王宁．基于 VIC 模型和 SDSM 的气候变化下西北旱区的径流响应模拟［D］．杨凌：西北农林科技大学，2014．

［9］ 王兆礼．气候与土地利用变化的流域水文系统响应——以东江流域为例［D］．广州：中山大学，2007．

［10］ 谢平，陈晓宏，王兆礼，等．东江流域实际蒸发量与蒸发皿蒸发量的对比分析［J］．地理学报，2009，64（3）：270-277．

［11］ 熊立华，郭生练．分布式流域水文模型［M］．北京：中国水利水电出版社，2004．

［12］ 叶许春，张奇，刘健，等．气候变化和人类活动对鄱阳湖流域径流变化的影响研究［J］．冰川冻土，2009，31（05）：835-842．

［13］ 詹道江，叶守泽．工程水文学（高等学校教材）［M］．3 版．北京：中国水利水电出版社，2007．

［14］ 张家诚，林之光．中国气候［M］．上海：上海科学技术出版社，1985．

［15］ 张建云，王国庆．气候变化对水文水资源影响研究［M］．北京：科学出版社，2007．

［16］ 赵芳芳，徐宗学．黄河源区未来地面气温变化的统计降尺度分析［J］．高原气象，2008，27（1）：153-161．

［17］ 郑晓雨，贺仁睦，马进．逐步多元回归法在负荷模型扩展中的应用［J］．中国电机工程学报，2011，31（4）：72-77．

［18］ Boville B A. Sensitivity of simulated climate to model resolution ［J］. Journal of Climate, 1991, 4（5）：469-485.

［19］ Boyle J S. Sensitivity of dynamical quantities to horizontal resolution for a climate simulation using the ECMWF（cycle33）model ［J］. Journal of Climate, 1993, 6（5）：796-815.

［20］ Cubasch U, Zorita E, Storch H, et al. Estimates of climate change in southern Europe using different downscaling techniques ［J］. 1996.

［21］ Frey-Buness F, Heimann D, Sausen R. A statistical-dynamical downscaling procedure for global climate simulations ［J］. Theoretical and Applied Climatology, 1995, 50（3-4）：117-131.

［22］ Giorgi F, Mearns L O. Approaches to the simulation of regional climate change：a review ［J］. Reviews of Geophysics, 1991, 29（2）：191-216.

［23］ Mearns L O, Bogardi I, Giorgi F, et al. Comparison of climate change scenarios generated from regional climate model experiments and statistical downscaling ［J］. Journal of Geophysical Research：Atmospheres, 1999, 104（D6）：6603-6621.

［24］ Risbey J S, Stone P H. A case study of the adequacy of GCM simulations for input to regional climate change assessments ［J］. Journal of Climate, 1996, 9（7）：1441-1467.

［25］ Tripathi S, Srinivas V V, Nanjundiah R S. Downscaling of precipitation for climate change scenarios：a support vector machine approach ［J］. Journal of Hydrology, 2006, 330（3）：621-640.

［26］ Von Storch H. Inconsistencies at the interface of climate impact studies and global climate research ［J］. Meteorologische Zeitschrift, 1995, 4（2）：72-80.

[27] Von Storch H. The Global and Regional Climate System [M] // Anthropogenic Climate Change. Berlin: Springer, 1999: 3 – 36.

[28] Wetterhall F, Halldin S, Xu C. Statistical precipitation downscaling in central Sweden with the analogue method [J]. Journal of Hydrology, 2005, 306 (1): 174 – 190.

[29] Wilby R L, Dawson C W, Barrow E M. SDSM—a decision support tool for the assessment of regional climate change impacts [J]. Environmental Modelling & Software, 2002, 17 (2): 145 – 157.

[30] Wilby R L, Wigley T M L. Downscaling general circulation model output: a review of methods and limitations [J]. Progress in Physical Geography, 1997, 21 (4): 530 – 548.

[31] Wilby R L, Wigley T M L. Precipitation predictors for downscaling: observed and general circulation model relationships [J]. International Journal of Climatology, 2000, 20 (6): 641 – 661.

第六章

土地利用对流域水文过程的影响

第一节 土地利用变化对径流量的影响

　　依据东江流域1980年和2000年两期土地利用现状图，采用改进的SCS月水量平衡模型，以顺天、蓝塘、九州及岳城4个子流域逐月实测水文资料为输入，进行模型率定和验证，并对各子流域不同土地利用情景下的径流进行了模拟。结果表明：1980年以后，流域城镇化面积显著增加，林地大幅度减少，耕地有所增加，水域和未利用土地面积变化不大；改进的SCS月模型在东江4个子流域模拟效果总体较好；由于土地利用的变化，东江4个子流域月均径流量、最大月径流量和汛期径流量都有不同程度的增加。

　　进入21世纪，变化环境中的水文循环与水资源的脆弱性研究成为当今的热点之一。土地利用变化是变化环境的重要体现和组成部分之一，自20世纪90年代以来，土地利用/覆盖变化（land use and land cover change，LUCC）问题引起国际上的普遍关注（李秀彬，1996），其带来的水文水资源效应不同程度地改变着流域径流量大小。土地利用/覆被的变化直接体现和反映了人类活动的影响程度，它对水循环过程的影响结果将直接导致水资源供需关系发生变化，进而对流域的生态与环境、社会经济可持续发展等方面产生影响（欧春平等，2009）。因此，合理地分析土地利用变化对区域水资源的影响显得尤为重要。东江作为珠江流域重要组成支流，是河源、惠州、东莞以及深圳和广州东部地区的主要供水水源，承担着向香港供水的重要任务，总供水人口3000余万人。改革开放后的30年来，区域经济的快速发展和城市化步伐的加快，以及大量水利工程，桥梁、码头、滩涂围垦工程等的修建，改变了东江流域的土地利用和植被覆盖类型。随着人口的快速增长、经济社会的高速发展和产业结构的调整，东江流域用水需求迅速增加，水资源供需矛盾加剧，地区之间出现了争水矛盾，水体污染，河流生态受到威胁，危及供水安全。本研究旨在采用东江流域最近的水文气象以及实际的土地利用和土壤类型等资料，研究土地利用变化对东江流域径流量的影响，这不仅具有重要的科学意义，而且对于该流域资源可持续利用和开发等问题都有重要的现实意义。

本研究采用广东省气象局提供的东江流域 21 个气象站 1958—2008 年逐年平均降雨、蒸发、及气温等气象要素序列；广东省水文局提供的 1970—2006 年顺天、蓝塘、九州及岳城等水文站历年逐月径流序列；1980 年和 2000 年两期 1：1000000 土地利用/植被覆盖和 1：4000000 土壤类型等资料。

一、不同阶段区域 CN 等值线的分布

SCS 月模型中的 CN 值能表示流域下垫面的产流效应在流域内的分布，其空间分布是连续的。CN 等值线是流域内有相同 CN 值的点之间的连线，在这些点上径流系数的变化遵循统一规律。CN 等值线较能形象地表示流域各点的产流能力，并能揭示其空间分布特征（袁艺等，2001）。

依据东江流域 1980 年和 2000 年两期土地利用类型图，结合流域土壤类型资料，由 SCS 模型 CN 值查算表，利用 ArcGIS 空间插值技术，对东江流域 CN 值进行空间插值，得到流域两期（1980 年和 2000 年）3 种 AMC 下 CN 值分布图，具体分别如图 6-1～图 6-3 所示。上述 5 个子流域两期 AMCII 下 CN 值分布如

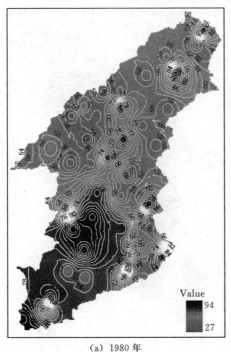

(a) 1980 年　　　　　　　　　　　(b) 2000 年

图 6-1　流域 CN 等值线分布（AMCⅠ）

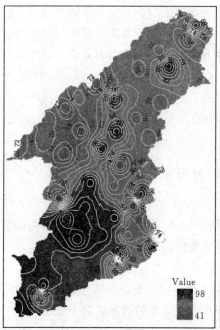
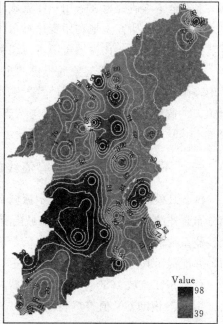

（a）1980年　　　　　　　　　　（b）2000年

图 6-2　流域 CN 等值线分布（AMCⅡ）

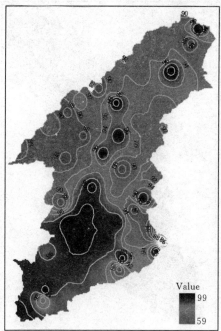
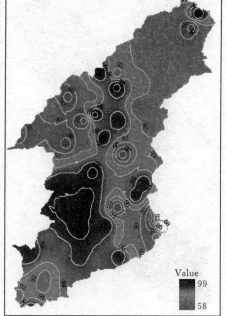

（a）1980年　　　　　　　　　　（b）2000年

图 6-3　流域 CN 等值线分布（AMCⅢ）

图 6-4 所示。用于插值的站点是位于东江流域内部及周围均匀分布的共 55 个站点，站点的选择主要依据以下 3 个原则：①数目尽可能多；②尽量均匀地分布在流域内部及周围；③尽可能代表不同土地利用类型。

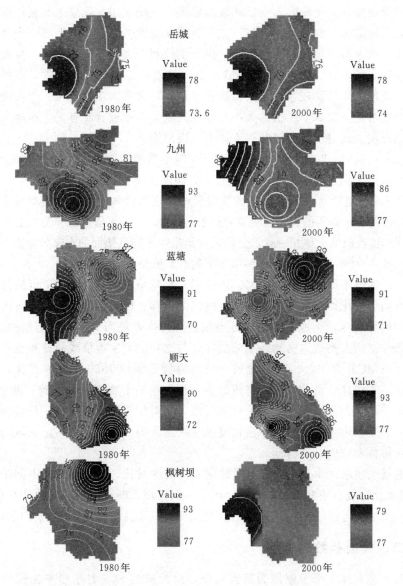

图 6-4　各子流域两期（1980 年、2000 年）CN 等值线对比（AMC II）

东江流域 1980 年和 2000 年两期 CN 值空间分布特征如下。

（1）CN 值高值区和低值区的分布。以 AMC II 为例，由图 6-4 所示，流域 CN 的高值区（颜色较深区域）主要分布在上游的枫树坝水库及中下游的东莞和深圳一带，不同时期高值中心的分布有所变化。高值区对应的土地利用类型则主要为水域和城镇用地，表明此两种土地利用类型产流能力较强。上述高值区一般为区域区、县政府所在地，其经济发展和城市化水平较周围其他地区高，产业聚集相对集中，人类活动较为剧烈，反映在水文效应上就是产流能力的增强。低值区（颜色较浅区域）主要分布在上游的三溪口、上坪、中游的石角、连平和下游的清林径等区域，对应的土地利用类型主要为林地、草地等人类活动较弱的地区，结合流域 DEM 可知，其地貌以山地丘陵为主，海拔相对较高，致使人类活动较少，地表植被保存较好，含蓄水功能较强，产流能力较弱。由此可见，流域 CN 值的大小与相应区域地表覆被状况有关，而这一相关性很大程度上通过区域土地利用方式上体现出来。

（2）流域同一时期不同 AMC 条件下 CN 等值线的变化。以 1980 年流域 CN 等值线分布为例，可以看出，随着土壤湿润度由干到湿的逐渐变化（AMCⅠ→AMCⅡ→AMCⅢ），CN 等值线逐渐变得稀疏，表明流域土地利用类型及土壤等下垫面条件各不相同的各点产流能力趋于均一化；CN 等值线总体分布趋势没有变化，产流高值区大体相一致，仍能较好地反映不同下垫面的水文效应。不难发现，流域 2000 年不同前期土壤湿润度下的 CN 值分布也是如此。

（3）流域不同时期同一 AMC 条件下 CN 等值线的变化。CN 值的分布是随着时间的变化而不断变化的。随着时间的推移，区域经济不断发展，人类活动作用越加强烈，土地利用结构得到调整，具体表现为土地利用类型的转变，地表条件受到人类改造活动的不断加深，与之相应 CN 等值线的分布也发生变化。以 AMCⅡ为例，2000 年流域 CN 高值区范围较 1980 年有所扩大，连通性较强，相应地，低值区面积有所减少，且在空间上变得更加细碎；两期 CN 值分布总趋势并没有变化，高值区和低值区相对位置并没有变化，只是在面积数量上有了一定变化，这在一定程度上反映出人类经济活动在一定区域内时间上的连贯性和空间分布特征。

通过上述东江 5 个子流域不同时期 CN 值的对比，可以得知，不同子流域 CN 值变化程度各不相同。5 个子流域中，枫树坝、顺天流域 CN 值变化较大，而九州和岳城则相对较小，这在一定程度上反映了流域两期土地覆被变化状况。

二、模型参数的确定

以上述东江 5 个子流域为研究对象，对改进的 SCS 月水量平衡模型进行率定和验证。各流域特征和水文情况见表 6-1。枫树坝子流域用来率定和校核的气象和水文资料序列长度分别为 5 年和 4 年，其余则分别为 7 年和 2 年，具体见表 6-2。CN 在模型中是用于描述降雨-径流关系的一个变量，反映流域下垫面单元的产流能力，是土地利用类型、土壤类型和前期湿润程度的函数。一般来说,降雨条件一定时,产流量较大的下垫面单元,其由土地利用类型、土壤类型以及前期湿润度决定的 CN 值也比较大,反之亦然。本研究结合中国土壤数据库相关信息进行流域土壤的合并归类,得到符合 SCS 模型土壤分类结果。依据东江流域 1980 年土地利用情况和土壤分类,最终确定了流域 CN 值查算表(AMCⅡ),本研究各子流域 CN 初始值由 1980 年 CN 值先经过空间插值,再取其均值而得,并据此作为计算流域初始最大滞留量 S_0 的依据。模型率定和检验结果见表 6-2。图 6-5 给出了顺天子流域在校核期(1977—1978 年)内各月实测流量和模拟流量过程的比较。

表 6-1 各子流域特征和水文情况

流域名称	河流	面积 /km²	年均 降水量/mm	年均 径流量/mm	雨量站点 个数	水文站点 个数	资料序 列长度
枫树坝	浔邬水	5151	1822.5	1508.6	5	1	1974—1981 年
顺天	船塘河	1357	1723.9	1027.9	4	1	1970—1978 年
蓝塘	秋香江	1080	1609.9	828.4	5	1	1970—1978 年
九州	安敦水	385	1950.9	1113.9	3	1	1970—1978 年
岳城	新丰河	531	1950.1	1283.2	6	1	1970—1978 年

表 6-2 月模型率定和检验结果

流域名称	径流 系数	率定					校核		
		系列长度/年	a	c	$R^2/\%$	$RE/\%$	系列长度/年	$R^2/\%$	$RE/\%$
枫树坝	0.828	5	0.636	0.924	86.4	−2.5	4	74.6	10.6
顺天	0.596	7	0.699	0.858	81.6	1.0	2	92.5	−9.7
蓝塘	0.515	7	0.601	0.832	83.0	1.6	2	94.0	−1.8
九州	0.571	7	0.674	0.821	82.3	−0.5	2	79.3	20.9
岳城	0.658	7	0.592	0.604	84.0	0.9	2	86.0	11.1

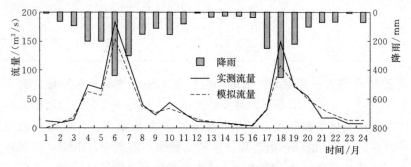

图 6-5 顺天流域月模型校核期内各月实测和模拟流量比较

表 6-2 反映了改进的 SCS 月模型于东江流域不同子流域的模拟效果。模型于 5 个子流域在率定和校核期内决定系数 R^2 的平均值分别为 83.44% 和 85.28%，相对误差 RE 平均值分别为 0.1% 和 6.21%，可以看出，模型在东江上述 5 个子流域总体上取得了较为理想的效果。

模型于不同子流域其模拟精度各有不同。径流系数较大的子流域（枫树坝、岳城和顺天）模拟精度相对其他流域较高，率定期确定性系数均达到 81% 以上。此外，改进后的 SCS 月模型不仅能应用于小流域，而且在较大流域也能取得较为满意的效果，如顺天流域面积为 1357km²，模型率定期（1970—1976 年）和校核期内（1977—1978 年）的确定性系数分别为 81.6% 和 92.5%。枫树坝子流域的率定期确定性系数达到 86.4%，是各子流域中最高的。

由图 6-5 可知，顺天流域月模型在校核期内模拟流量过程线与实测流量基本相似，洪峰流量较为吻合，说明了模型在该流域能取得比较满意的模拟效果。流量与降雨量的相关性较好，两者变化过程基本相似，这表明了降雨是该流域的主要补给水源。然而，径流量与降雨量相关性虽好，但并非完全一致，可能是两者在成因上联系较弱，并且时间上也不对应所致。

三、土地利用变化对水资源的影响

在上述改进的 SCS 月模型中，CN 值主要由土地利用状况来决定，因此，可以通过调整 CN 值，来分析土地利用变化对流域水文水资源的影响。选择月模型模拟效果较好的顺天子流域，分析流域土地利用变化对月径流、汛期径流、枯水径流和最大径流等水文水资源要素的影响。计算结果见表 6-3。

表 6-3　　　　　　　　　　顺天子流域径流量变化百分率　　　　　　　　%

CN	变化率	月径流	枯水径流	汛期径流	最大径流
78	-7.80	-0.012	2.38	-1.89	-2.89
80	-5.44	-0.012	1.58	-1.30	-1.97
84	-0.71	-0.002	0.19	-0.17	-0.25
89	5.20	0.019	-1.16	1.18	1.73
92	8.75	0.036	-1.75	1.95	2.82

由表 6-3 可知，随着 CN 值的不断增加，流域各水资源变量均有不同程度的变化。同一 CN 值情况下，最大径流量对 CN 值的变化最为敏感，枯水径流和汛期径流变化增幅相反，枯水径流较汛期径流敏感，月径流变动幅度最小。可以看出，CN 值的逐渐增加使得枯水径流不断减少，汛期径流和最大径流增加，流域月径流也是不断增加。枯水期径流和汛期径流随着 CN 值的增加

分别减少和增加，将对流域水资源的开发利用产生一些不利影响。上述各水资源要素的变化是随着土地利用方式的转变，CN 值逐渐增加所致，具体表现为流域下垫面状况发生改变，不透水面积增加，滞水性能和透水性能变差，下渗减少，径流系数增加。

本研究以流域两期（1980 年和 2000 年）土地利用栅格图像为基础，利用 GIS 空间分析技术对其土地利用的空间和时间变化情况进行分析，得到两个时期土地利用变化情况，具体见表 6-4。

由表 6-4 可知，1980 年东江流域的土地利用方式以林地和耕地为主，两者分别占流域总面积的 64.56％和 22.33％；园地、草地和水域次之，分别占到 5.94％、4.71％和 2.28％；城镇用地和未利用地最小，分别为 0.12％和 0.06％。2000 年流域土地利用结构与 1980 年相比较而言，在总体上变化不大，但各土地利用类型的比例则发生了一定的变化。

可以看出，2000 年流域土地利用变化主要表现为耕地、城镇用地和未利用地面积的增加，园地、林地、草地及水域面积的减少，变化幅度分别为 4.36％、2.38％、0.01％和 -2.65％、-2.38％、-1.23％、-0.49％。其中耕地面积由 1980 年的 6083.49km² 增加到 2000 年的 7272.73km²，20 年间增加了 1189 余 km²，增长速度较快；城镇用地面积由 1980 年的 30.02km² 增加到 2000 年的 682.25km²，20 年间增加了 600 余 km²，增长迅猛；而林地和园地面积减少较多，分别为 647.01km² 和 722.44km²。为进一步分析区域各种土地利用类型的转化情况，利用 ArcGIS 空间分析技术得到流域土地利用转移矩阵，具体见表 6-5。在空间上，土地利用变化较为显著的区域主要集中在中游的顺天和岳城、下游的蓝塘及九州等地带。

表 6-4　　　　　　　　　东江流域土地利用基本情况

类型	1980 年		2000 年		面积变化/km²	比率/%
	面积/km²	比率/%	面积/km²	比率/%		
耕地	6083.49	22.33	7272.73	26.69	1189.24	4.36
林地	17586.88	64.56	16939.87	62.18	-647.01	-2.38
草地	1282.74	4.71	947.14	3.48	-335.60	-1.23
园地	1619.14	5.94	896.70	3.29	-722.44	-2.65
水域	619.99	2.28	480.12	1.79	-139.87	-0.49
城镇用地	30.02	0.12	682.25	2.5	652.23	2.38
未利用地	17.38	0.06	20.80	0.07	3.42	0.01

表 6 - 5　　　　　　　东江流域 1980—2000 年土地利用转移矩阵　　　　单位：km²

类型	耕地	林地	园地	草地	城镇用地	水域
耕地	4112.64	1059.2	274.56	144	452.48	10.88
林地	2457.6	1424.7	436.48	346.88	119.04	2.56
草地	318.08	590.08	8.32	358.4	7.68	0
园地	318.08	1050.88	185.6	36.48	23.68	1.28
城镇用地	1.28	0.22	0.07	0.12	28.8	0.01
水域	51.2	65.92	7.68	0.64	30.72	472.96

由上述分析以及前人研究成果（王兆礼和陈晓宏，2010）可知，东江流域土地利用类型以耕地和林地为主。近 20 年来，土地利用类型的变化以城镇用地面积显著增加，林地大幅度减少，耕地有所增加为主，水域和未利用土地面积变化不大。

土地利用结构主要表现为耕地和城镇用地的增加，表明了流域人口的迅速增长和经济的不断发展对土地资源利用方式转变的客观需求，而流域土地利用方式的转变最终会导致区域土地覆被及下垫面状况的改变，进而作用于流域水文循环的条件，势必对区域水资源产生影响。

四、人类活动时期流域径流量的模拟

以上述 5 个子流域第一期（1980 年）土地利用现状 CN 值为输入，1980—2000 年气象数据（降雨和蒸发资料）为输入，运用基于改进的 SCS 月水量平衡模型模拟人类活动时期流域该阶段天然状态下流量过程，得到人类活动时期各月模拟径流量Ⅰ，并与该阶段流域实际流量过程进行对比；以第二期（2000 年）土地利用现状 CN 值为输入，模拟人类活动时期土地利用变化情况下流域流量变化过程，得到人类活动时期各月模拟径流量Ⅱ，两者之差即为径流的改变量，具体如图 6 - 6 所示。气象数据处理如下：以顺天站为例，该站无 1980—2000 年实测降雨量和蒸发量资料，但流域内大水、忠信和船塘 3 个雨量站分布较为均匀，且地形地势起伏不大，故采用算术平均法，将以上三站 1980—2000 年各月降雨的均值作为顺天站该时段降雨数据输入。将东江流域内 7 个已知实测月蒸发量的气象站（和平、龙川、河源、博罗、惠阳、紫金、惠东）的该时段各月蒸发值的均值作为顺天站蒸发数据输入。其他各站气象数据处理同顺天站类似。

由图 6 - 6 可知，上述 5 个子流域于两期的径流改变量各不相同，岳城、九州改变量较枫树坝和顺天小，与上文各子流域两期 CN 值的变化幅度有关。

由于东江流域的主要人类活动开始于 20 世纪 80 年代，故以上述 4 个子流

域第一期（1980 年）土地利用现状 CN 值为输入，1980—2000 年水文数据为输入，运用改进的 SCS 月水量平衡模型模拟人类活动时期流域该阶段天然状态下流量过程；以第二期（2000 年）土地利用现状 CN 值为输入，模拟人类活动时期土地利用变化情况下流域流量变化过程；两者之差即为土地利用变化对径流的改变量。

表 6-6 显示了 1980 年和 2000 年两期土地利用情景对东江流域径流的影响结果。从中可以看出，土地利用变化确实对径流量的改变起一定的作用；对于研究的各子流域而言，土地利用变化使得各子流域月均径流量、最大月径流量和汛期径流量都有不同程度的增加，其增加程度依流域土地覆被改变状况大小而定。由前面分析可知，近 20 年来，东江流域土地利用类型的变化以城镇用地面积显著增加，林地面积大幅度减少为主，尤其是在流域的中下游地区。这样的变化造成流域不透水面积增加，加上农业及其他人类活动造成的水土流失和植被覆盖减少等因素，流域滞水性能和透水性能变差，下渗减少，从而使得流域内径流增加。

表 6-6　　　　　　　　土地利用变化对径流影响的结果　　　　单位：亿 m³

径流要素		顺天	蓝塘	九州	岳城
月均 径流量	1980 年情景	0.97	0.67	0.30	0.56
	2000 年情景	1.05	0.72	0.32	0.59
	改变量	0.08	0.05	0.02	0.03
最大月径 流量	1980 年情景	3.20	2.44	1.03	1.68
	2000 年情景	3.45	2.56	1.08	1.73
	改变量	0.25	0.13	0.05	0.05
汛期径 流量	1980 年情景	65.65	45.36	20.64	38.78
	2000 年情景	68.11	47.20	21.72	39.09
	改变量	2.46	1.84	1.08	0.59

第二节　未来气候下土地利用变化对水文循环影响

一、预测期气象数据的生成

（一）预测期气象输入变量

以 1966—2005 年为基准期，在分析东江流域 3 个小流域土地利用及气候变化趋势的基础上，选用降水量、气温变化为气候变化因子，利用已率定好的 SWAT 模型以及天气发生器，生成预测期（即 2011—2050 年）的气象数据。

其中，预测期气温、降水变量采用基准期均值及趋势分析结果见表 6-7～表 6-10。

表 6-7 预 测 期 气 温 变 量

变量	1 月	2 月	3 月	4 月	5 月	6 月
FTMPMX	18.15	18.64	21.80	26.05	29.52	31.35
FTMPMN	9.19	10.74	14.21	18.77	22.23	24.22
TMPINC	0.038	0.027	0.007	0.019	0.017	0.017
变量	7 月	8 月	9 月	10 月	11 月	12 月
FTMPMX	33.34	33.19	31.80	28.93	24.51	20.17
FTMPMN	25.08	24.94	23.43	19.85	14.97	10.46
TMPINC	0.013	0.016	0.020	0.046	0.043	0.034

注 FTMPMX 是预测期月平均每日最高气温（℃）；FTMPMN 是预测期月平均每日最低气温（℃）；TMPINC 是预测期气温调整数（℃）。

表 6-8 预测期顺天流域降雨变量

变量	1 月	2 月	3 月	4 月	5 月	6 月
FPCPMM	51.24	86.92	146.91	214.68	258.79	277.55
RFINC/%	0.52	−0.18	0.29	0.45	−0.67	0.05
变量	7 月	8 月	9 月	10 月	11 月	12 月
FPCPMM	193.99	192.64	118.09	49.31	34.76	35.95
RFINC/%	0.62	0.07	−0.10	−1.34	0.42	0.19

注 FPCPMM 是预测期当月平均降雨量（mm）；RFINC 是降水调整百分数（%）。

表 6-9 预测期岳城流域降雨变量

变量	1 月	2 月	3 月	4 月	5 月	6 月
FPCPMM	57.85	89.26	153.01	230.32	314.94	324.85
RFINC/%	−0.01	0.04	0.25	0.00	−1.17	0.54
变量	7 月	8 月	9 月	10 月	11 月	12 月
FPCPMM	217.45	238.11	121.87	59.76	35.01	41.58
RFINC/%	0.36	−0.50	1.07	−1.25	0.49	0.16

注 FPCPMM 是预测期当月平均降雨量（mm）；RFINC 是降水调整百分数（%）。

表 6-10　　　　　　　　　　　预测期蓝塘流域降雨变量

变量	1 月	2 月	3 月	4 月	5 月	6 月
FPCPMM	36.44	67.91	106.82	207.07	249.85	273.51
RFINC/%	0.32	0.18	−0.04	0.01	−0.78	0.42
变量	7 月	8 月	9 月	10 月	11 月	12 月
FPCPMM	181.06	216.71	146.83	41.50	24.72	30.17
RFINC/%	−0.09	0.46	0.56	−1.21	0.74	0.29

注　FPCPMM 是预测期当月平均降雨量（mm）；RFINC 是降水调整百分数（%）。

（二）预测期气象数据分析

根据上节中的预测期输入变量，利用天气发生器生成预测期 2011—2050 年的气象数据，现对所生成的气象数据进行分析。

1. 预测期气温的变化

从表 6-11 和图 6-6 中看到，预测期年日均气温比基准期年日均气温高 0.64℃，其中，春、夏、秋、冬四季日平均气温分别高 0.63℃、0.71℃、0.71℃、0.64℃。图 6-6 可以直观地看到 1966—2050 年年均气温变化。从变化趋势来看，预测期气温变化基本合理。

表 6-11　　　　　　　　1966—2050 年全年及四季日均气温变化

时间段	统计量	全年	春季	夏季	秋季	冬季
基准期 (1966—2005 年)	平均气温/℃	21.55	21.48	27.89	23.13	13.62
	C_v	0.02	0.04	0.02	0.03	0.08
预测期 (2006—2050 年)	平均气温/℃	22.19	22.11	28.60	23.84	14.26
	C_v	0.02	0.05	0.02	0.04	0.06
1966—2050 年	平均气温/℃	21.89	21.82	28.27	23.51	13.96
	C_v	0.03	0.05	0.02	0.04	0.08

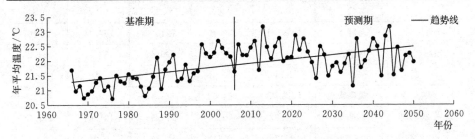

图 6-6　1966—2050 年年均气温变化曲线

2. 降水的变化

由表 6-12~表 6-14 以及图 6-7~图 6-9 可知，顺天流域预测期年均降水量比基准期下降了 3.7%，其中，春、夏、秋、冬四季分别下降了 3.9%、5.4%、5.9%、0.2%。岳城流域预测期年均降水量比基准期上升了 3.5%，其中，春、夏、冬三季分别上升了 6.2%、3.3%、18.7%。秋季下降了 1.4%。蓝塘流域预测期年均降水量比基准期下降了 4.8%，其中，春、夏、秋、冬四季分别下降了 2.1%、3.7%、5.4%、6.3%。可见，顺天、蓝塘两个流域在预测期内的年降水量较基准期小，跟基准期趋势一致，而岳城流域的年降水量较基准期大，与基准期的下降趋势不同，但考虑到基准期岳城流域年降水量下降趋势不明显，且天气发生器的随机性及降雨月相调整值的输入等综合因素，认为天气发生器生成气象数据基本合理。

表 6-12　　　　1966—2050 年顺天流域全年及四季总降水量变化　　　单位：mm

时间段	统计量	全年	春季	夏季	秋季	冬季
基准期	总降水	1660.83	620.39	664.18	202.16	175.52
	标准差	282.87	196.26	183.79	97.44	117.61
	C_v	0.17	0.32	0.28	0.48	0.67
预测期	总降水	1599.43	596.27	628.04	190.28	175.21
	标准差	300.35	159.79	199.83	84.37	73.72
	C_v	0.19	0.27	0.32	0.44	0.42
1966—2050 年	总降水	1628.33	607.62	645.04	195.87	175.36
	标准差	292.15	177.21	192.17	90.40	96.52
	C_v	0.18	0.29	0.30	0.46	0.55

表 6-13　　　　1966—2050 年岳城流域全年及四季总降水量变化　　　单位：mm

时间段	统计量	全年	春季	夏季	秋季	冬季
基准期	总降水	1884.01	189.09	698.27	780.41	216.64
	标准差	357.62	127.07	232.34	225.27	111.15
	C_v	0.19	0.67	0.33	0.29	0.51
预测期	总降水	1949.21	200.73	721.62	769.64	257.07
	标准差	275.19	65.11	196.40	157.73	134.28
	C_v	0.14	0.32	0.27	0.20	0.52
1966—2050 年	总降水	1918.43	194.02	715.12	773.00	237.55
	标准差	317.22	98.77	213.95	191.69	121.54
	C_v	0.17	0.51	0.30	0.25	0.51

表 6-14　　　　1966—2050 年蓝塘流域全年及四季总降水量变化　　　　单位：mm

时间段	统计量	全年	春季	夏季	秋季	冬季
基准期	总降水	1582.59	134.28	563.74	671.29	213.04
	标准差	239.06	100.92	177.28	163.95	111.44
	C_v	0.15	0.75	0.31	0.24	0.52
预测期	总降水	1507.10	131.48	542.89	634.88	199.68
	标准差	300.63	64.32	153.91	194.35	78.82
	C_v	0.20	0.49	0.28	0.31	0.39
1966—2050 年	总降水	1544.11	132.09	547.96	658.33	205.72
	标准差	269.08	83.37	165.27	178.09	98.63
	C_v	0.17	0.63	0.30	0.27	0.48

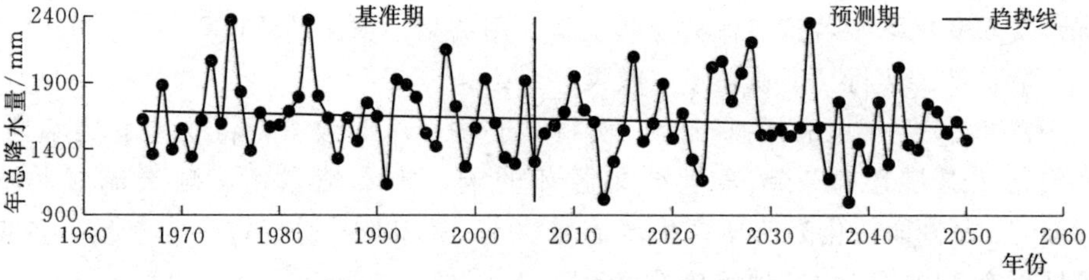

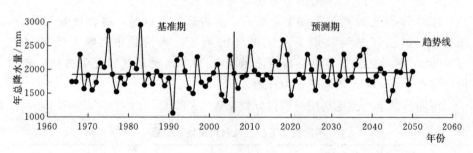

图 6-7　顺天流域年总降水量变化曲线

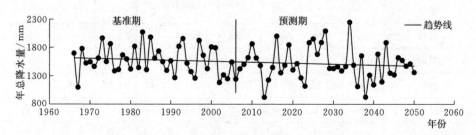

图 6-8　岳城流域年总降水量变化曲线

图 6-9　蓝塘流域年总降水量变化曲线

二、未来气候变化下不同土地利用变化情景的设定

根据上节对土地利用变化趋势的分析结论，在 1980—2000 年间，部分果园、林地、草地向耕地和城镇用地转化。这种转化会对水文循环过程造成影响，并会导致水土流失、径流减少、生态环境恶化等问题出现。未来几十年，是东江流域经济社会高速发展的时期，为了实现社会经济发展与自然环境的和谐发展，东江流域应采取有效的土地利用政策，防止这些问题的出现。为探究不同的土地利用政策下的水文响应情况，为东江流域制定土地政策作参考依据，本研究在考虑未来气候变化的前提下，设定出以下不同土地利用变化情景。

情景一：土地利用保持现状。

本情景中的土地利用类型依然采用 2000 年的土地利用类型，主要研究在未来气候变化下，若依然保持现状土地利用类型，水文循环过程将如何响应。

情景二：实行"退耕还草"政策。

在 2000 年土地利用基础上，实行"退耕还草"政策，将耕地变为草地，来研究"退耕还草"政策下水文循环的响应。本情景中，顺天流域将有 479.03km² 耕地转化为草地，岳城流域将有 36.22km² 耕地转化为草地，蓝塘流域将有 140.31km² 耕地转化为草地。

情景三：实行"退耕还林"政策。

在 2000 年土地利用基础上，实行"退耕还林"政策，将耕地变为林地，来研究"退耕还林"政策下水文循环的响应。本情景中，顺天流域将有 479.03km² 耕地转化为林地，岳城流域将有 36.22km² 耕地转化为林地，蓝塘流域将有 140.31km² 耕地转化为林地。

不同情景下，土地利用类型百分数见表 6-15。

表 6-15　　　　　　不同情景下的土地利用类型百分数　　　　　　%

| 类型 | 顺天流域 | | | 岳城流域 | | | 蓝塘流域 | | |
情景	一	二	三	一	二	三	一	二	三
耕地	36.78	0	0	6.78	0	0	15.67	0	0
果园	1.98	1.98	1.98	1.34	1.34	1.34	4.93	4.93	4.93
林地	58.69	58.69	95.47	70.04	70.04	76.82	73.94	73.94	89.61
草地	2.38	39.16	2.38	20.2	26.98	20.2	4.34	20.01	4.34
城镇用地	0.18	0.18	0.18	0	0	0	1.11	1.11	1.11
水域	0	0	0	1.64	1.64	1.64	0	0	0

三、不同土地利用变化情景下的水文响应情况

（一）径流变化百分数

情景一中，在未来气候变化下，当土地利用类型保持现状水平时，与基准期相比，年径流量将减少 6.87%，减少的幅度较大；情景二中，当采用"退耕还草"政策，将耕地变为草地时，年径流量减少 3.55%，比情景一中的减小幅度要小些；情景三中，当采用"退耕还林"政策，将耕地变为林地时，年径流量减少 0.62%，与基准期比较接近，是三种情景中径流减少幅度最小的。即在未来气候变化下，三种土地利用情景下的年径流量均呈下降趋势，且实行"退耕还林"政策比实行"退耕还草"政策更能防止年径流量的减少。详见表6-16。

将情景二与情景一相比，每 1km² 耕地变草地的径流量增加量：顺天流域为 0.07mm，岳城流域为 0.99mm，蓝塘流域为 0.01mm。将情景三与情景一相比，每 1km² 耕地变林地的径流增加量：顺天流域为 0.13mm，岳城流域为1.31mm，蓝塘流域为 0.10mm。可见，在这 3 个流域，林地比草地的产流能力强。

表 6-16　　　　　2011—2050 年间的径流相对基准期的变化百分率

流域	情景	径流量变化/%					年均径流量/mm
		春季	夏季	秋季	冬季	全年	
顺天	一	−7.44	−11.47	−2.46	14.10	−6.87	961.19
	二	−4.28	−8.65	1.52	19.63	−3.55	995.47
	三	−1.14	−5.64	3.24	23.47	−0.62	1025.71
岳城	一	−12.98	−10.81	3.21	−4.93	−6.54	1115.48
	二	−9.45	−8.20	6.04	−1.75	−3.50	1151.65
	三	−8.54	−7.48	7.24	−0.30	−2.56	1162.95
蓝塘	一	−7.78	−22.94	−30.07	−9.02	−18.16	793.14
	二	−7.27	−22.72	−30.30	−9.48	−18.01	794.51
	三	−5.98	−21.57	−28.97	−7.38	−16.69	807.38

（二）径流变差系数

在未来气候变化及三种土地利用情景下，径流变差系数均比基准期小，即径流的变异减缓，其中春季和冬季的减缓比较明显。

三种情景下，径流变差系数的关系是：情景一＞情景二＞情景三，即"退耕还草"和"退耕还林"均可进一步减缓径流的变异，且"退耕还林"的减缓作用更为明显，详见表 6-17。

表 6-17　　　　　2011—2050 年间的径流变差系数

流域	情景	变差系数				
		春季	夏季	秋季	冬季	全年
顺天	基准期	0.552	0.465	0.454	0.847	0.333
	一	0.256	0.342	0.372	0.349	0.223
	二	0.250	0.333	0.367	0.345	0.218
	三	0.248	0.328	0.370	0.352	0.216
岳城	基准期	0.544	0.381	0.300	0.531	0.293
	一	0.250	0.290	0.240	0.253	0.203
	二	0.243	0.285	0.240	0.252	0.199
	三	0.241	0.283	0.239	0.251	0.197
蓝塘	基准期	0.663	0.373	0.552	0.553	0.324
	一	0.317	0.393	0.375	0.331	0.263
	二	0.316	0.392	0.376	0.334	0.262
	三	0.314	0.389	0.373	0.333	0.260

（三）水量平衡

三种情景下，3 个流域的变化情况基本一致：①蒸散发量：情景一＞情景二＞情景三；②径流量：情景一＜情景二＜情景三；③流域蓄水容量：情景一＜情景二＜情景三。以上表明，在未来气候变化下，"退耕还草"或"退耕还林"后，蒸散发量将减少，而径流量和流域蓄水容量将增加，其中，"退耕还林"的作用更为明显，详见表 6-18。

表 6-18　　　2011—2050 年间的不同情景下的年均水量平衡情况

流域	情景	2011—2050 年均水量平衡				
		项目	降雨量	蒸散发量	径流量	流域蓄水容量
顺天	一	年均量/mm	1598.51	558.26	961.19	79.06
		年均比例/%	100.00	34.92	60.13	4.95
	二	年均量/mm	1598.51	517.29	995.47	85.75
		年均比例/%	100.00	32.36	62.28	5.36
	三	年均量/mm	1598.51	485.01	1025.65	87.85
		年均比例/%	100.00	30.34	64.16	5.50

续表

流域	情景	2011—2050 年均水量平衡				
		项目	降雨量	蒸散发量	径流量	流域蓄水容量
岳城	一	年均量/mm	1949.21	605.66	1115.48	228.07
		年均比例/%	100.00	31.07	57.23	11.70
	二	年均量/mm	1949.21	568.87	1151.65	228.68
		年均比例/%	100.00	29.18	59.08	11.73
	三	年均量/mm	1949.21	556.53	1162.95	229.72
		年均比例/%	100.00	28.55	59.66	11.79
蓝塘	一	年均量/mm	1507.098	583.1609	793.1416	130.7958
		年均比例/%	100.00	38.69	52.63	8.68
	二	年均量/mm	1507.098	583.3749	794.5113	129.2121
		年均比例/%	100.00	38.71	52.72	8.57
	三	年均量/mm	1507.098	568.0219	807.3816	131.6948
		年均比例/%	100.00	37.69	53.57	8.74

四、结论

（1）SWAT 模型适用于东江流域：将 SWAT 模型应用到顺天、岳城、蓝塘 3 个东江流域中的小流域，选用 1970—1975 年为校准期，校准后，3 个流域日径流模拟和月径流模拟的相对误差 RE 均在 10% 以内；日径流模拟的决定系数 R^2 均在 70% 以上，月径流模拟的决定系数 R^2 均在 80% 以上；顺天、岳城流域的日径流模拟的 Nash - Suttcliffe 效率系数均在 70% 以上，蓝塘略低，为 68.4，3 个流域月径流模拟的 Nash - Suttcliffe 效率系数均在 80% 以上。此外，还选用 1976—1985 年以及 1996—2005 年两个验证期进行验证。3 个流域在两个验证期的月径流模拟中，决定系数 R^2 和 Nash - Suttcliffe 效率系数均在 70 以上，相对误差 RE 值除蓝塘流域 1996—2005 年为 22.3% 外，其余均在 ±20% 以内。

（2）东江流域土地利用变化趋势：东江流域在 1980 年和 2000 年土地利用的主要变化是部分果园、林地、草地向耕地和城镇用地的转化。

（3）东江流域气候变化趋势：以河源站为代表分析，年平均气温增温趋势显著，并通过了置信度 99% 的显著性检验；顺天、岳城、蓝塘流域的年降水量均呈下降趋势，但下降趋势并不显著。

（4）根据气候变化趋势，利用天气发生器生成预测期 2011—2050 年 3 个流域 40 年的气象数据，输入模型。在未来气候下，设定三种土地利用情景：

情景一维持现状土地利用方式；情景二实行"退耕还草"政策；情景三实行"退耕还林"政策。通过已校准好的 SWAT 模型的模拟，得到以下结论：①在未来气候变化下，三种情景的年径流量均有所减少，但减少的度不一样：情景一＞情景二＞情景三。即"退耕还林"比"退耕还草"更能防止年径流量的减少；②在未来气候变化下，三种情景的径流变差系数均有所减小，径流变差系数的关系是：情景一＞情景二＞情景三，"退耕还林"比"退耕还草"更能减缓径流的变异；③在未来气候变化下，"退耕还草"或"退耕还林"后，蒸散发量将减少，而径流量和流域蓄水容量均增加，其中，"退耕还林"的作用更为明显。

参 考 文 献

［1］　郭改娥. 城市水土流失和水土保持措施探讨［J］. 山西水土保持科技，2010（1）：40-41.

［2］　鞠笑生，杨贤为. 我国单站旱涝指标确定和区域旱涝级别划分的研究［J］. 应用气象学报，1997，8（1）：26-33.

［3］　李秀彬. 全球环境变化研究的核心领域——土地利用/土地覆被变化的国际研究动向［J］. 地理学报，1996（6）：553-558.

［4］　南阳春，李国华. 黄冈市水资源分析与利用［J］. 气象，2004，30（7）：47-51.

［5］　欧春平，夏军，王中根，等. 土地利用/覆被变化对 SWAT 模型水循环模拟结果的影响研究［J］. 水力发电学报，2009，28（4）：124-129.

［6］　王兆礼，陈晓宏. 东江流域土地利用与土地覆被变化分析［J］. 安徽农业科学，2010，38（8）：4180-4183.

［7］　谢平，等. 流域水文模型［M］. 北京：科学出版社，2010.

［8］　谢平，陈晓宏，王兆礼. 湛江地区旱涝特征分析［J］. 水文，2010，30（01）：89-92.

［9］　张昌昭，等. 广东水旱风灾害［M］. 广州：暨南大学出版社，1994.

第七章

气候变化和人类活动对流域水文过程
影响的贡献分解

本研究基于东江流域两期（1980 年和 2000 年）土地利用现状图和主要水文气象站 1956—2009 年气象和流量时间序列，选择土地利用变化程度从小到大的 3 个子流域，建立了气候变化及人类活动对流域径流影响的贡献分解方法，运用改进的 SCS 月模型进行径流模拟，以揭示气候变化及人类活动对流域径流量的影响。结果表明：①东江流域在 1980—2000 年期间，土地利用发生了显著变化，具体表现在 1980 年和 2000 年的两期 CN 等值线的空间分布特征上；②SCS 月模型对东江 3 个子流域径流模拟均能满足一定精度要求，各子流域土地利用变化越显著，则径流改变量越大；③相对于基准期（1970—1978年），1980—2000 年各子流域径流量的改变表现为不同程度的增加或减少；不同子流域土地利用及气候变化对径流的改变作用各不相同，均分别起到增加和减少径流作用；总体而言，各子流域中气候变化和人类活动对径流影响的分量基本相当，岳城、顺天和蓝塘 3 个子流域土地利用变化对径流影响的贡献率分别为 19.54％、24.11％和 29.94％。

进入 21 世纪，变化环境中水文循环与水资源的脆弱性成为水利学科的研究热点之一，气候变化和人类活动是变化环境的重要体现和组成部分（李秀彬，1996），其带来的水文水资源效应不同程度地改变着流域径流量大小。因此，合理地分析气候变化和人类活动对区域水资源的影响显得尤为重要。我国学者已经对气候变化或者人类活动的单方面影响开展了大量的研究（张利平等，2010；贾仰文等，2008；桑学锋等，2008）。然而，气候变化和人类活动的影响是综合的，因此有必要对这种综合的影响进行分解。张建云和王国庆等针对气候变化和人类活动对河川径流的影响进行了定量分析研究，但研究区域主要集中在黄河、汾河等北方流域（张建云和王国庆，2007；王国庆等，2008）。作为南方珠江流域重要组成支流，东江是河源、惠州、东莞以及深圳和广州东部地区的主要供水水源，承担着向香港供水的重要任务，总供水人口 3000 余万人。郭生练等和王渺林等分别研究了不同设计情景下的东江流域的水资源的变化情景（熊立华和郭生练，2004；王渺林和夏军，2004）。随着流域社会经济的持续快速发展，东江流域土地利用发生了显著变化（陈晓宏和王兆礼，2010）；随着全球气候变化，该流域的气候也发生了相应的变化（黄金平等，2006；何艳虎和林凯荣，2011）。本研究在张建云和王国庆等（张建云和王国庆，2007）研究工作的基础上，进一步提出气候变化、土地利用及其他人类活动对流域径流影响的贡献分解方法：采用实际的土地利用和气象资料，分离出气候变化、土地利用及其他人类活动对东江流域径流影响的贡献程度；三者影响量的分离，有助于识别引起径流改变量的主要因子，对流域水资源规划和调控以及水灾害的防控有着重要意义。

本研究采用广东省气象局提供的东江流域 21 个气象站 1956—2008 年逐年平均降雨、蒸发及气温等气象要素序列；广东省水文局提供的 1970—2008 年岳城、顺天及蓝塘等水文站历年逐月径流序列；广东省水利电力局刊载的珠江流域东江区主要雨量站及水文站 1970—1978 年逐日降雨、蒸发及流量序列。1980 年和 2000 年两期 1∶1000000 土地利用/植被覆盖和 1∶4000000 土壤类型等资料。

第一节 研 究 方 法

Koster 和 Milly 等提出了基于降雨和潜在蒸发量引起的径流变化的计算方法，用以分离气候变化和人类活动对径流改变的影响（Koster 和 Suarez，1999；Milly 和 Dunne，2002），叶许春等据此定量分析了 1992—2000 年鄱阳湖流域气候变化和人类活动对天然径流的影响分量（叶许春等，2009）。刘德地等运用 BP - ANN 方法分离了气候变化和人类活动对东江博罗和麒麟咀流域流量的作用，认为两者对流域非汛期径流改变量的影响分量基本各占到 50%（Liu 等，2010）。

张建云和王国庆等认为人类活动影响时期的实测水文变量与天然时期的基准值之间的差值可分为两部分，其一为人类活动影响部分，其二为气候变化影响部分；并提出了两者对径流影响的分离分析方法。计算公式如下（张建云和王国庆，2007；王国庆等，2008）：

$$\Delta R_T = R_{HR} - R_N \tag{7-1}$$

$$\Delta R_H = R_{HR} - R_{HN} \tag{7-2}$$

$$\Delta R_C = R_{HN} - R_N \tag{7-3}$$

$$\eta H = \frac{\Delta R_H}{\Delta R_T} \times 100\% \tag{7-4}$$

$$\eta C = \frac{\Delta R_\mathrm{C}}{\Delta R_\mathrm{T}} \times 100\% \qquad (7-5)$$

式中：ΔR_T 为径流变化总量；ΔR_H 为人类活动对径流的影响量；ΔR_C 为气候变化对径流的影响量；R_HR 为人类活动影响时期的实测径流量；R_N 为天然时期的径流量；R_HN 为人类活动影响时期的天然径流量，由水文模型算出；ηH、ηC 分别为人类活动和气候变化对径流影响百分比。

基于上述分离分析方法，本研究分离出气候变化、土地利用变化及其他人类活动对流域径流改变量的作用，并明确各要素影响分量，具体如式（7-6）～式（7-11）所示。

$$\Delta R_\mathrm{L} = R_\mathrm{H2} - R_\mathrm{H1} \qquad (7-6)$$

$$\Delta R_0 = \Delta R_\mathrm{T} - \Delta R_\mathrm{C} - \Delta R_\mathrm{L} \qquad (7-7)$$

$$\Delta = |\Delta R_0| + |\Delta R_\mathrm{C}| + |\Delta R_\mathrm{L}| \qquad (7-8)$$

$$\mu L = \frac{\Delta R_\mathrm{L}}{\Delta} \times 100\% \qquad (7-9)$$

$$\mu C = \frac{\Delta R_\mathrm{C}}{\Delta} \times 100\% \qquad (7-10)$$

$$\mu R_0 = \frac{\Delta R_0}{\Delta} \times 100\% \qquad (7-11)$$

式中：ΔR_L 为土地利用变化对径流的影响量；R_H2 和 R_H1 分别为人类活动影响时期的模拟径流量 Ⅱ（对应土地利用情景 Ⅱ）和模拟径流量 Ⅰ（对应土地利用情景 Ⅰ），由模型计算得出；ΔR_0 为其他人类活动（主要是河道工程（水库）、农业工程措施（灌溉），和耗水损失等方面）对径流的改变量；Δ 为土地利用变化、气候变化及其他人类活动引起径流变化量的绝对值之和；μL、μC、μR_0 分别为土地利用变化、气候变化及其他人类活动对径流影响百分比，其余符号表示意义如上文所示。

第二节　模型参数的确定

一、流域中 CN 值的分布与变化

CN 值能表示流域下垫面的产流效应在流域内的分布，它的空间分布是连续的。CN 等值线是流域内有相同 CN 值的点之间的连线，在这些点上径流系数的变化遵循统一规律。CN 等值线能较为形象地表示流域各点的产流能力，并能揭示其空间分布特征（袁艺和史培军，2001）。

依据流域 1980 年和 2000 年两期土地利用类型图，结合流域土壤类型资

料，由 SCS 模型 CN 值查算表，利用 ArcGIS 空间插值技术，对东江流域 CN 值进行空间插值，得到流域两期（1980 年和 2000 年）3 种 AMC 情景下 CN 值分布图，分别如图 7-1 和图 7-2 所示，体现了东江流域 1980 年和 2000 年两期 CN 值的空间分布特征。

（1）流域同一时期不同 AMC 条件下 CN 等值线的变化。可以看出，随着土壤湿润度由干到湿的逐渐变化（AMC Ⅰ→AMC Ⅱ→AMC Ⅲ），CN 等值线逐渐变得稀疏，表明流域土地利用类型及土壤等下垫面条件各不相同的各点产流能力趋于均一化；CN 等值线总体分布趋势没有变化，产流高值区大体相一致，仍能较好地反映不同下垫面的水文效应。

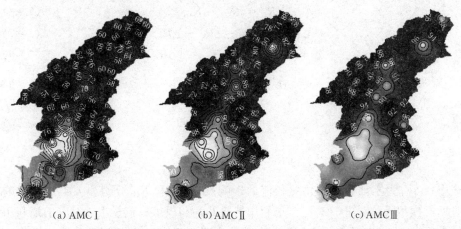

　　(a) AMC Ⅰ　　　　　　　(b) AMC Ⅱ　　　　　　　(c) AMC Ⅲ

图 7-1　1980 年流域 3 种 AMC 情景下 CN 值分布图

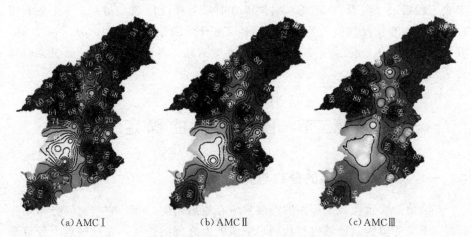

　　(a) AMC Ⅰ　　　　　　　(b) AMC Ⅱ　　　　　　　(c) AMC Ⅲ

图 7-2　2000 年流域 3 种 AMC 情景下 CN 值分布图

（2）流域不同时期同一 AMC 条件下 CN 等值线的变化。CN 值的分布是随着时间的变化而不断变化的。随着时间的推移，区域经济不断发展，人类活动作用越加强烈，土地利用结构得到调整，具体表现为土地利用类型的转变，地表条件受到人类改造活动的不断加深，与之相应 CN 等值线的分布也发生变化。两期 CN 值分布总趋势并没有太大变化，高值区和低值区相对位置基本一致，只是在面积数量上有了一定变化，CN 值在空间上变化有增有减，但其流域的均值有一定的增加，这在一定程度上反映出人类经济活动在一定区域内时间上的空间分布特征。

由于 CN 值在空间上的变化程度不一致，本研究选取了 CN 值变化程度从小到大的岳城、顺天和蓝塘子流域作为研究对象，来研究土地利用变化的影响，上述 3 个子流域两期 AMCⅡ下 CN 值分布如图 7-3 所示。从图 7-3 可以看出，不同时期的 CN 值，岳城变化最小、顺天次之，蓝塘变化最大。

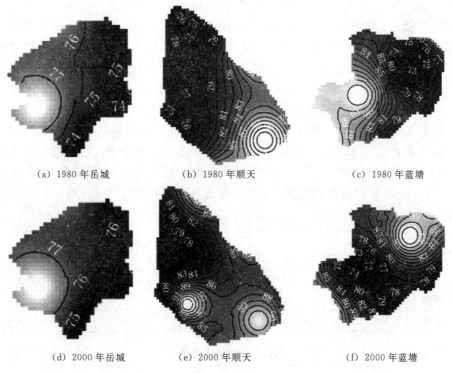

| (a) 1980 年岳城 | (b) 1980 年顺天 | (c) 1980 年蓝塘 |
| (d) 2000 年岳城 | (e) 2000 年顺天 | (f) 2000 年蓝塘 |

图 7-3　各子流域两期（1980 年、2000 年）AMCⅡ下 CN 等值线对比

二、模型率定

参数率定由人工和计算机联合搜索，采用单纯形法进行模型参数优选，目标函数采用 Nash 模型效率系数 R^2（确定性系数）和径流总量相对误差 RE，它们的表达式如下：

$$R^2 = \left[1 - \frac{\sum\limits_i (Q_i - M_i)^2}{\sum\limits_i (Q_i - \bar{Q})^2} \right] \times 100\% \qquad (7-12)$$

$$RE = \left[\frac{\sum\limits_i M_i}{\sum\limits_i Q_i} - 1 \right] \times 100\% \qquad (7-13)$$

式中：Q_i、M_i 分别为实测流量和模拟流量；$\bar{Q}$ 为平均实测流量。

R^2 值越大，表示模型精度越高；RE 越接近于 0，则说明拟合的总精度越高。

以上述东江 3 个子流域为研究对象，对改进的 SCS 月水量平衡模型进行率定和验证。各子流域特征和水文情况见表 7-1，各流域用来率定和检验的气象和水文资料序列长度分别为 7 年和 2 年（表 7-2）。CN 值在模型中是用于描述降雨-径流关系的一个变量，反映流域下垫面单元的产流能力，是土地利用类型、土壤类型和前期湿润程度的函数。一般来说，在降雨条件一定的情况下，产流量较大的下垫面单元，其由土地利用类型、土壤类型以及前期湿润度决定的 CN 值也比较大，反之亦然。本研究结合中国土壤数据库相关信息进行流域土壤的合并归类，得到符合 SCS 模型土壤分类结果。依据东江流域 1980 年土地利用情况和土壤分类，最终确定了流域 CN 值查算表（AMCⅡ）。本研究各子流域 CN 初始值由 1980 年 CN 值经过空间插值，再取其均值而得，并据此作为计算流域初始最大滞留量（S_0）的依据，模型率定和检验结果见表 7-2。图 7-4～图 7-6 分别给出了岳城、顺天和蓝塘子流域在检验期（1977—1978 年）内各月实测流量和模拟流量过程的比较。

表 7-1　　　　　　　　　　　　各子流域特征和水文情况

流域名称	河流	面积 /km²	年均降水量/mm	年均径流深/mm	雨量站点个数	水文站点个数	资料序列长度
岳城	新丰河	531	1950.1	1283.2	6	1	1970—1978 年
顺天	船塘河	1357	1723.9	1027.9	4	1	1970—1978 年
蓝塘	秋香江	1080	1609.9	828.4	5	1	1970—1978 年

表 7-2　　　　　　　　　　　　月模型率定和检验结果

流域名称	径流系数	率定					检验		
		系列长度/年	优选参数		R^2/%	RE/%	系列长度/年	R^2/%	RE/%
			a	c					
岳城	0.658	7	0.623	0.855	89.5	0.4	2	79.1	11
顺天	0.596	7	0.699	0.858	81.6	1.0	2	92.5	-9.7
蓝塘	0.515	7	0.601	0.832	83.0	1.6	2	94.0	-1.8

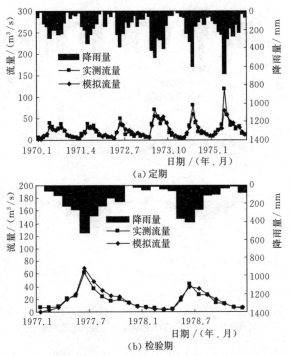

图 7 - 4 岳城流域月模型率定期和检验期内各月实测和模拟流量比较

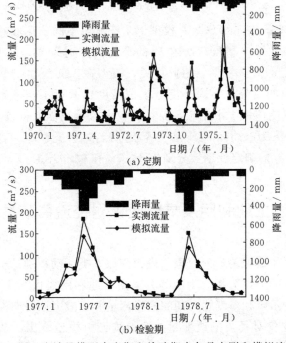

图 7 - 5 顺天流域月模型率定期和检验期内各月实测和模拟流量比较

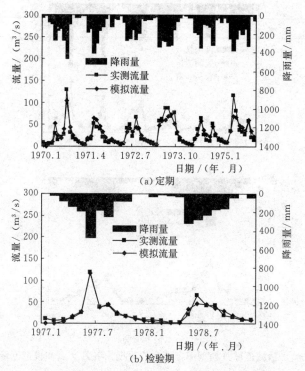

图 7-6　蓝塘流域月模型率定期和检验期内各月实测和模拟流量比较

　　表 7-2 反映了改进的 SCS 月模型于东江流域不同子流域的模拟效果，模型于 3 个子流域在率定和校核期内 R^2 的平均值分别为 84.7% 和 88.5%，RE 平均值分别为 1% 和 -0.2%。由此可见，模型在东江上述 3 个子流域总体上取得了较为理想的效果，不同子流域模拟精度也有所不同。此外，改进后的 SCS 月模型不仅能应用于小流域，而且在较大流域也能取得较为满意的效果，如顺天流域面积为 1357km²，模型率定期（1970—1976 年）和校核期内（1977—1978 年）的确定性系数分别为 81.6% 和 92.5%。

第三节　土地利用及气候变化对径流影响量的分离

　　以上述 3 个子流域为研究对象，进行流域人类活动特别是土地利用及气候变化对径流影响的分离分析。为明确分离出土地利用变化对流量改变的作用，如式（7-6）所示，相对变化时期的模拟流量Ⅱ，减去该时期模拟流量Ⅰ，可得到土地利用变化对径流的改变量，两者均已由模型算出，基准期（1970—1978 年）和相对变化时期（1980—2000 年）的实测流量已知，以各阶段流域月均流量代表流量的大小，具体分离结果见表 7 - 3。

表 7 - 3   3 个子流域气候变化和人类活动对径流量影响的分离结果   单位：亿 m³

流域名称	天然阶段 R_N	R_{HR}	ΔR_T	人类活动阶段					
				土地利用变化		气候变化		其他人类活动	
				ΔR_L	μ_L /%	ΔR_C	μ_C /%	ΔR_0	μ_{R_0} /%
岳城	0.55	0.53	−0.01	0.03	19.54	−0.08	54.74	0.04	25.72
顺天	1.12	1.16	0.04	0.08	24.11	−0.15	44.60	0.11	31.29
蓝塘	0.73	0.77	0.03	0.05	29.94	−0.07	40.51	0.05	29.55

由表 7 - 3 可知，以顺天为例，在顺天子流域内，相对于天然阶段，人类活动阶段的径流量有所增加，增加了 400 万 m³。其中，土地利用变化导致流域径流量的增加，这与前述土地利用变化对径流的影响分析结果相一致，但这种变化引起的径流量的改变占到径流变化的绝对总量的 24.11%；而气候变化则使得径流量减少，且其对径流变化的贡献率达到 44.60%，高于土地利用带来的变化；其他自然或人为影响因素对径流改变量的贡献率则为 31.29%；三者均具体表现为引起径流量的增加或减少。总体而言，研究的 3 个子流域气候变化及人类活动（包括土地利用变化和其他人类活动）对径流量的改变量相当。土地利用变化引起的径流量的改变相对于气候变化及其他人类活动的影响小一些，但确实对径流量的改变起一定的作用，其影响程度依流域土地覆被改变状况大小而定，文中表现为 CN 值的变化幅度大小，CN 值的增加或减少引起径流量的增加或相应的减少。蓝塘子流域土地利用变化对径流量的改变量最高，为 29.94%，而气候变化及其他人类活动所占比例则分别为 40.51% 和 29.55%，总的人类活动对径流改变量的贡献率为 59.49%，表明人类活动是引起该流域径流变化的主要因子。

东江流域两期（1980 年和 2000 年）土地利用现状图和前人研究成果表明（陈晓宏和王兆礼，2010），近几十年来，流域城镇化面积显著增加，林地大幅度减少，耕地有所增加，水域和未利用土地面积变化不大。具体表现在城镇用地从 37.8km² 增加到 769.8km²，增加了 732km²，呈快速增长趋势；耕地面积从 1980 年年初的 6044.4km² 增加到 6850.5km²，增加了 806.4km²；林地面积由 17453.6km² 减少到 16938.9km²。这样的变化造成不透水面积增加，加上农业和其他活动造成的水土流失和植被下降等，流域滞水性能和透水性能变差，下渗减少，从而使得流域内径流增加。依据东江流域 21 个气象站 1959—2009 年逐年平均降雨、蒸发、日照、湿度及气温等气象要素序列的研究可知，在过去的 50 年间，流域降雨量呈不显著增长，而气温则为显著上升，其他气候要素如蒸发、日照及湿度等均呈不同程度减少趋势。关联度分析则表明，降雨在所有气象要素中与径流的关联度均为最大，说明了在东江流域，降雨是径流量变化的主要驱动因子；而气温与径流关联度仅次于降雨，是径流量减少的重要因素，同时其他气候要素也对径流的变化不同程度地起着作用。

由以上分析可知，流域径流量的变化是多种因素共同作用的结果，且每种因素对径流改变量的贡献率各不相同。总体来看，流域气候变化和人类活动是引起径流改变的主要因子，且两者对径流改变量的作用基本相当，其中土地利用变化引起径流量的增加或减少，也是引起径流改变量的因素之一。因此，在进行流域水资源分析时，应主要考虑气候变化和人类活动的各自作用大小，并全面综合地考虑包括土地利用变化在内的多种因素，区别对待每种影响因素的作用，以便提出适合流域水资源协调发展的对策和措施。

第四节　结　　论

本研究依据东江流域 1980 年和 2000 年两期土地利用现状图，利用 SCS 月模型，选取流域土地利用变化程度从小到大的 3 个子流域进行径流模拟，并就土地利用及气候变化对流域径流影响的分离进行了研究，主要得出如下结论。

（1）东江流域自 20 世纪 80 年代来，土地利用发生了显著变化，具体表现在流域两期三种 AMC 下 CN 值空间分布特征上。流域 CN 均值增加，流域内不同子流域 CN 值变化主要因土地利用方式不同而异。

（2）SCS 月模型于东江 3 个子流域径流模拟均能满足一定精度要求。各子流域两期径流模拟结果表明：上述 3 个子流域于两期的径流改变量各不相同，岳城改变量较顺天和蓝塘小，与上文各子流域两期 CN 值的变化幅度有关，CN 值改变越明显，即土地利用变化越显著，则流域径流改变量越大。

（3）通过对东江 3 个子流域土地利用及气候变化对径流改变量的分离发现，相对于基准期（1970—1978 年），1980—2000 年径流量的改变表现为不同程度的增加或减少；不同子流域气候变化及人类活动对径流的改变作用各不相同，均分别起到增加和减少径流作用；总体而言，各子流域中两者对径流影响的分量基本相当；岳城、顺天和蓝塘 3 个子流域土地利用变化对径流影响的贡献率分别为 19.54%、24.11% 和 29.94%。

参 考 文 献

[1] 陈晓宏，王兆礼．东江流域土地利用变化对水资源的影响［J］．北京师范大学学报（自然科学版），2010，46（3）：311－316.

[2] 何艳虎，林凯荣．近期气候变化对东江流域水资源的影响研究［J］．中国农村水利水电，2011（6）：7－10.

[3] 黄金平，程东升，邓家泉，等．东江流域气候分析［J］．人民珠江，2006（5）：48－52.

[4] 贾仰文，高辉，牛存稳，等．气候变化对黄河源区径流过程的影响［J］．水利学报，2008，39（1）：52－58.

[5] 李秀彬．全球环境变化研究的核心领域——土地利用/土地覆被变化的国际研究动向［J］．地理学报，1996（6）：553－558.

[6] 林凯荣，何艳虎，陈晓宏．气候变化及人类活动对东江流域径流影响的贡献分解研究［J］．水利学报，2012，43（11）：1312－1321.

[7] 桑学锋，周祖昊，秦大庸，等．改进的 SWAT 模型在强人类活动地区的应用［J］．水利学报，2008，39（12）：1377－1383.

[8] 王国庆，张建云，刘九夫，等．气候变化和人类活动对河川径流影响的定量分析［J］．中国水利，2008（2）：55－58.

[9] 王渺林，夏军．土地利用变化和气候波动对东江流域水循环的影响［J］．人民珠江，2004，25（2）：4－6.

[10] 熊立华，郭生练．分布式流域水文模型［M］．北京：中国水利水电出版社，2004.

[11] 叶许春，张奇，刘健，等．气候变化和人类活动对鄱阳湖流域径流变化的影响研究［J］．冰川冻土，2009，31（05）：835－842.

[12] 袁艺，史培军．土地利用对流域降雨-径流关系的影响——SCS 模型在深圳市的应用［J］．北京师范大学学报（自然科学版），2001，2（1）：131－136.

[13] 张建云，王国庆．气候变化对水文水资源影响研究［M］．北京：科学出版社，2007.

[14] 张利平，秦琳琳，胡志芳，等．南水北调中线工程水源区水文循环过程对气候变化的响应［J］．水利学报，2010，41（11）：1261－1271.

[15] Koster R D, Suarez M J. A simple framework for examining the interannual variability of land surface moisture fluxes [J]. Journal of Climate, 1999, 12 (7): 1911－1917.

[16] Liu D, Chen X, Lian Y, et al. Impacts of climate change and human activities on surface runoff in the Dongjiang River basin of China [J]. Hydrological Processes, 2010, 24 (11): 1487－1495.

[17] Milly P C D, Dunne K A. Macroscale water fluxes2. Water and energy supply control of their interannual variability [J]. Water Resources Research, 2002, 38 (10): 24－1－24－9.

第八章

珠江三角洲水资源的演变趋势与驱动机理

针对南方湿润区的环境变化，本研究从气候因子到极端气候事件，再到下垫面的变化和水资源的演变及其评价方法进行了系统深入的研究，揭示了蒸发皿蒸发量的空间变化规律及其主要驱动因子；提出了一种基于信息熵理论的综合指数以反映该地区极端气候，更加全面地了解广东地区多种极端气候事件发生频率和强度的总体变化情况，对研究该地区自然灾害事件的驱动机理和演变机制，预防台风、干旱、洪水等自然灾害具有重要参考价值。与此同时，建立了考虑秩序的河流生态流量特征变化评价方法，更加全面和准确地评价河流生态水文特征的变化，为评价河流生态水文特征变化提供更加科学的计算依据。

第一节　珠江三角洲研究概况

一、河流水系

珠江三角洲位于广东省南部，其平原上河网发育，河道纵横交错，是典型的河网三角洲。珠江三角洲水系包括西江、北江思贤以下和东江石龙以下河网水系和入注珠江三角洲河流，集水面积 26820km²，占全流域面积的 5.91%。河网区水道总长 1600km，河网区面积 9750km²，河网密度为 0.181～0.188km/km²。

珠江三角洲河网水系把西江、北江、东江的下游纳于一体，其主流泄出后各成体系。西江从三水县思贤西口至珠海市企人石河段，分别称西江干流水道、西海水道、磨刀石水道，最后经磨刀门入海。北江自思贤北口起，各河段分别称北江干流水道、顺德水道、沙湾水道，最后经狮子洋出虎门入伶仃洋。东江在珠江三角洲内的河口段是石龙以下的东江北干流。

从西向东流的珠江三角洲的河流有潭江（锦水）、高明河、沙坪水等；从北向南流的三角洲河流有流溪河、增江、沙河、西福河、雅瑶水、南岗河等；从东向西流的三角洲河流有寒溪水等。此外，还有直接流入伶仃洋的茅洲河和深圳河（曾昭璇和黄伟峰，2001）。

二、自然气候

珠江三角洲气候热带性表现在四季不明显，三冬无雪，树木常青，田野常绿，霜不杀青。据竺可桢在《气象学》一书中称，热带为"四时皆是夏，一雨便成秋"的地方，他认为五岭以南，即入热带。故珠江三角洲在热带范围之内。

三角洲地势平坦，雨量较四周山丘为少，平均约 1600mm，而外围地方达 2000～2600mm。雨量集中在夏季，冬季较少，这种雨季旱季分明正是热带气候特色，和赤道带长年高温多雨不同。从地理环境组成各要素如气候、水文、地貌、植被和动物分析，珠江三角洲是个热带性三角洲，且与黄河、长江三角洲不同，地貌水文上表现为汉道较多的良好水系网、广宽水深河道颇多，气候上热量和辐射强，植被生长很旺盛、种类多、动物繁生、对工农业生产都十分有利。从类型上看，珠江三角洲与湄公河及红河三角洲等热带型三角洲相似，我国热带地区较稀少，应重视充分发挥珠江三角洲的热带性特点和潜力。

三、水资源量

珠江三角洲的多年平均河川径流量 268.13 亿 m^3，年入境水量多年平均为 2941 亿 m^3，是全省水资源量最丰富的地区。珠江三角洲地区地表径流大部分是大气降水直接补给的，径流具有与降水类似的时空分布特征，径流量由北向南递增，多年平均径流深变幅在 800～1800mm 之间，多年平均蒸发量 1200mm。

珠江三角洲水资源最大的特点是入境客水丰富，对维系本地社会经济发展起着十分重要的作用。但是，由于各口门纳潮量大，咸水上溯作用使大范围的淡水资源受到影响，加上珠三角地区经济发达，城市集中，工业用水与生活用水增长迅速。珠江三角洲年径流具有年内分配不均匀和年际变化比较大的特点。

四、水利工程现状

近 50 年来，西江、北江、东江主要经历了三角洲网河区大规模的联围筑闸、挖掘河床泥沙和兴建水利工程。这些剧烈的人类活动，势必会影响到三角洲地区年径流量。大型水利工程信息见表 8-1。

表 8-1 珠江三角洲上游大型水利工程

所属流域	水电站名称	库容/亿 m³	建设时段
西江	龙滩	273	2001—2007 年
	天生桥	108	1991—2000 年
	百色	48	1999—2006 年
	岩滩	33.5	1985—1992 年
北江	飞来峡	19.04	1994—1999 年
	南水	12.74	1958—1969 年
东江	枫树坝	138.96	1970—1974 年
	新丰江	19.32	1958—1962 年
	白盆珠	12.2	1977—1985 年

1. 西江

西江上游建有龙滩水电站，规划总装机容量 630 万 kW，总库容 273 亿 m³，是我国目前在建的第二大水电工程。主体工程已于 2001 年 7 月开工，2003 年 11 月完成大江截流，2006 年 9 月下闸蓄水，2007 年 5 月第 1 台机组发电，2009 年 12 月全部建成投产发电。岩滩电站装机容量 121 万 kW，年发电量 56.6 亿 kW·h，工程于 1985 年 3 月开工，1992 年第一台机组提前发电，1995 年 6 月 4 台机组全部并网发电。天生桥水电站工程于 1991 年 6 月导流隧洞开工，1994 年底实现截流，到 2000 年年底，一级、二级电站 10 台机组全部建成投产。

除此之外还有大化、恶滩、百色等水电站，这些水利工程对高要上游径流在年内分配起到直接影响作用。

2. 北江

北江大堤从北江支流大燕水左岸而下，经三水县的芦苞镇、西南镇至南海县的狮山，全长 63.34km。芦苞涌和西南涌是北江左岸的两条分汊河流，两涌沿岸建有支堤，两涌的上口处分别建有芦苞水闸和西南水闸。

飞来峡水利枢纽是北江下游防洪的重要水利枢纽，属年调节水库，飞来峡水利枢纽是新中国成立以来广东省建设规模最大的综合性水利枢纽工程。水库总库容 19.04 亿 m³，发电装机容量 140MW，1994 年 10 月 18 日动工兴建，1998 年大江截流；1999 年 3 月水库蓄水，10 月全部发电机组并网发电，工程全部完成。

3. 东江

东江已建成新丰江、枫树坝、白盆珠 3 座水库，分别于 1962 年、1974 年和 1985 年竣工。新丰江水库位于东江最大支流新丰江上，属多年调节水库；枫树坝水库位于东江干流上游，属年调节水库；白盆珠水库位于东江支流西枝江上游，属年调节水库。上述 3 个水利水电枢纽共控制流域面积 11746km²，占博罗站以上流域面积 46.4%。东江流域洪水，经新丰江、枫树坝、白盆珠 3 个水库联合调洪，可把下游博罗站 100 年一遇洪峰流量 14400m³/s，每秒削减为 11670~12070m³/s，略大于 20 年一遇洪峰流量 11200m³/s。

五、研究数据

本研究的研究范围主要位于西江高要，北江石角和东江博罗以下。

西江干流思贤滘以上的第 1 个水文站为高要站，北江干流思贤滘以上的第 1 个水文站为石角站，两站的流量代表三角洲入流量。马口站和三水站，是西北江三角洲的两个水文控制站。东江博罗水文站，是东江干流下游控制站。本研究选取的这 5 个水文控制站点的逐日流量数据。数据代表性好，无缺测数据。站点的详细信息见表 8-2，分布情况见图 8-1。

表 8-2　　　　　　　　　　站 点 详 细 信 息

站名	东经/(°)	北纬/(°)	时段	序列长度/年
高要	112.46	23.05	1957—2009 年	53
马口	112.80	23.12	1960—2009 年	50
石角	112.96	23.55	1954—2009 年	56
三水	112.83	23.17	1960—2009 年	50
博罗	114.3	23.13	1956—2008 年	53

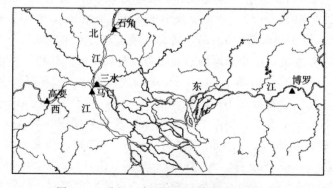

图 8-1　珠江三角洲主要水文控制站分布图

第二节　气候因子趋势变化

蒸发皿蒸发量（E_{pan}）因其涉及的气候、水文效应众多，而受到了广泛的科学关注。温室效应增强可能是偶然因素，但其机制仍需要进一步的证实。本研究系统地分析了广东省过去 50 年间蒸发皿蒸发量、降水、气温、日照时间、相对湿度、风速、云量、水汽压的变化趋势，重点对"蒸发悖论"在广东省的规律进行分析。与现有其他成果的对比，本研究采用聚类分析的方法在空间上对广东省蒸发皿蒸发量的变化进行了分类，揭示了蒸发皿蒸发量的空间变化规律及其主要驱动因子。广东省地处华南地区，拥有着 8500km 的海岸线，是全国人口最多、经济最发达的省份之一。根据蒸发皿蒸发量和其他 7 个气候因子的聚类分析结果，广东省可从空间上划分为四部分：西南、东部、中部以及西北。研究结果表明广东省的蒸发皿蒸发量年均下降 3.35mm，下降幅度自沿海向内陆逐渐变小。结果同样表明所有气候因子均对蒸发皿蒸发量有影响，但各自贡献率存在着空间差异。日照时数和风速与蒸发皿蒸发量呈正相关，而降雨和气温则成反比。在 7 个气候因子中，日照时数则是引起广东省蒸发皿蒸发量变化的主要驱动因素。

蒸发不只是一个气候因子，还是水循环中的一重要组成部分。特别是在当今全球变暖的背景下，过量排放的二氧化碳引起温室效应的增强，使得区域蒸发量发生了巨大的变化（Farquhar 和 Roderick，2003）。作为水循环的重要组成，蒸发对地表水平衡有着重大影响，影响着水资源特别是农业用水的可用量（Hossein 和 Safar，2011）。因此，研究蒸发皿蒸发量的变化对于水资源的监控及管理来说尤为重要（Kim 等，2012；Kim 等，2013）。然而，全球尺度的蒸发皿蒸发量的变化机制及其成因尚未明确。

全球尺度的蒸发变化及其机制和原理为众多人所研究（Golubev 等，2001；Roderick 和 Farquhar，2002；Roderick 和 Farquhar，2004；Roderick 和 Farquhar，2005；Irmak 等，2012）。研究区域通常为南北半球的一个国家或流域尺度。有研究发现，南北半球的蒸发皿蒸发量均呈下降趋势，但也有少数例外（Xu 等，2001；Cohen 等，2002；Hossein 等，2011）。苏联、美国和亚洲部分地区的蒸发皿蒸发量在不同时期均有所下降，而自 1970 年以来澳大利亚和新西兰的蒸发量也变小。但是，中国尚未出现例外情况。过去 50 年间，中国许多区域都曾被研究，如黄河流域（Qiu 等，2003）、华北平原（Guo 等，2005）、青藏高原（Zhang 等，2007）乃至全国范围（Liu 等，2006；Zeng 等，2007；Liu 等，2009）。然而，蒸发皿蒸发量变化的物理机制，特别是在中国南部的海滨地区，仍是有待研究的。毫无疑问，蒸发皿蒸发量受相关气候因子的影响，主要有降雨（R）、气温（T_a）、风速（WS）、太阳净辐射（NR）、云量（CC）、日照时数（SD）、水汽压（WVP）以及相对湿度（RH）。然而，诸多气候因子相互影响，其作用机制是相当复杂的。关于气候因子如何引起蒸发皿蒸发量的变化，科学界尚未达成共识。蒸发皿蒸发量与气候因子之间的复杂关系虽被广为研究，仍是一个值得探讨的问题（Peterson 等，1995；Donald 和 Hesch，2007）。气候因子的变化到底是会导致蒸发皿蒸发量增加还是降低呢？所得结论或因研究区域的不同而有所差异。

考虑到前人研究了全球尺度蒸发皿蒸发量（E_{pan}）的改变以及 E_{pan} 和区域水资源的密切关系，深入研究 E_{pan} 年际变化及其成因将有助于更好地评价、管理区域水资源的可用量。因此，选择华南地区的广东省作为研究区域来研究上述问题，其原因有二：一是地理位置独特，广东省地处华南地区，濒临南海，滨海区域的蒸发皿蒸发量变化特征可能由其独特的大气环流而与内陆地区有所不同。此外，珠江诸多支流交汇在广东省内（如西江、北江、东江和珠江三角洲），其气象水文变化在变化环境下备受关注（Chen 等，2010；Chen 等，2011；He 等，2013）。二是广东省作为国内最繁荣和人口数量较大的省份之一，现处于工业转型期。蒸发皿蒸发量的变化会对区域水资源有着较大影响，并显著影响着经济、社会，尤其是农业的发展。

因此，本研究的研究目的有：①采用聚类方法揭示广东省过去 50 年的年蒸发皿蒸发量的时空分布；②研究广东省的蒸发皿蒸发量的变化趋势，并与国内其他地区进行对比分析；③探究影响蒸发皿蒸发量变化的潜在因素并分析研究区域不同地区中影响蒸发的主要气候因子。

一、研究区与数据

1. 研究区概况

广东省地处华南地区，面积为 $179752km^2$，地势低洼，北高南低。4 条河流经流而过，分别为西江、北江、东江和韩江；气候类型是亚热带湿润季风型气候，年平均气温为 22℃，年均降雨量超 1300mm；森林覆盖率为 56%。自 1980 年来，广东省人口保持着较快的增长速度，并在中国经济中占据重要地位，其中超过 100 个城镇聚集在珠江三角洲地区，即广东省的中部。

2. 数据来源

本研究采用了 85 个国家气象观测站点（站点遍布整个广东省）1957 年至 2006 年期间的实测数据，包括 1.5m 处的日平均气温（T_a），10m 处风速（WS），1.5m 处的相对湿度（RH），日照时数（SD）、云盖（CC）、水汽压（WVP），以及直径 20cm 蒸发皿的蒸发量（E_{pan}）。以上数据由中国气象局国家气候中心提供，实测年均蒸发皿蒸发量的气象站点详见表 8 - 3。

表 8 - 3 　　　　　　　　　广东省蒸发测量气象站位置详表　　　　　　单位：（°）

站点	东经	北纬	站点	东经	北纬	站点	东经	北纬
深圳	114.1	22.55	东莞	113.8	23.03	高要	112.5	23.05
蕉岭	116.2	24.65	惠东	114.7	22.93	云浮	112.1	22.93
平远	115.9	24.58	新丰	114.2	24.05	罗定	111.6	22.77
大浦	116.7	24.35	龙门	114.2	23.73	新兴	112.2	22.72
梅县	116.1	24.3	从化	113.6	23.55	三水	112.9	23.17
兴宁	115.7	24.15	花都	113.2	23.38	南海	113.1	23.02
五华	115.8	23.93	增城	113.8	23.3	顺德	113.3	22.85
丰顺	116.2	23.77	广州	113.3	23.17	鹤山	113	22.77
饶平	117	23.68	番禺	113.4	22.95	新会	113.1	22.53
潮州	116.6	23.67	乐昌	113.3	25.15	中山	113.3	22.53
揭阳	116.4	23.57	南雄	114.3	25.08	开平	112.7	22.37
澄海	116.8	23.47	仁化	113.7	25.1	台山	112.8	22.22
揭西	115.8	23.43	始兴	114.1	24.95	斗门	113.3	22.22
南澳	117	23.43	连州	112.4	24.78	恩平	112.3	22.18
潮阳	116.6	23.27	连南	112.3	24.72	上川岛	112.8	21.72
汕头	116.7	23.37	曲江	113.6	24.68	信宜	110.9	22.35
普宁	116.2	23.3	连山	112.2	24.57	阳春	111.8	22.17
惠来	116.3	23.03	阳山	112.6	24.48	高州	110.8	21.93
海丰	115.3	22.97	乳源	113.3	24.78	阳江	112	21.88
陆丰	115.7	22.95	英德	113.4	24.18	茂名	110.9	21.65
汕尾	115.4	22.78	佛冈	113.5	23.87	化州	110.6	21.65
和平	114.9	24.45	清远	113.1	23.67	廉江	110.3	21.63
连平	114.5	24.37	怀集	112.2	23.92	电白	111	21.5
龙川	115.3	24.1	广宁	112.4	23.63	吴川	110.8	21.43
河源	114.7	23.73	封开	111.5	23.45	遂溪	110.3	21.38
紫金	115.2	23.63	四会	112.7	23.35	湛江	110.4	21.22
博罗	114.3	23.18	郁南	111.5	23.25	雷州	110.1	20.92
惠阳	114.4	23.08	德庆	111.8	23.15	徐闻	110.2	20.33

　　本研究采用下列步骤以保证数据的可靠性和一致性。首先，由于数据集的最初几年（1951—1956 年），一些站点的实测数据不一致或丢失天数超过 20d，因此这一时期被排除在外。其次，所有站点 1957—2006 年期间的数据均是使用相同的标准和仪器，保证了数据的均匀性。最后，数据丢失的发生年份最迟至 1960 年；1957—1960 年期间，有 8 个站点 5—9 月期间部分数据丢失，所

占所有实测数据的比例不到 0.1%。整个研究时期，不存在站点连续 7d 以上或超过 30d 的数据缺失情况。针对连续 3d 内缺失数据的情况，采用直接插值法对缺失观测值进行估计，超过连续 3d 数据缺失情况，根据其余站点的有效数据采用逐步回归法估计。回归结果对所有缺失观测点效果均良好，其大多数回归方程的 R^2 值大于 0.85。

二、研究方法

1. Mann‐Kendall 趋势检验法

采用 Mann‐Kendall（M‐K）趋势检验法（Mann，1945；Kendall，1975）和线性趋势检验法检测了每个站点的年蒸发皿蒸发量、降雨量、日平均气温、相对湿度、云量、风速、水汽压和日照时数的变化趋势，其显著性水平为 0.05。这两种方法常用来检测水文气象时间序列趋势（Zar，1984；Helsel 和 Hirsh，1992），尤其是 M‐K 趋势检验，因其简单易用，并有能力处理非正常或丢失的数据和异常值的分布，及其鲁棒性能抑制异常值对总数据误差的影响（Kahya 等，2004）。这两种方法的结果可相互补充，为世界气象组织强烈建议使用。

2. K 均值聚类算法

K 均值（K‐means）聚类算法是一种基于距离的聚类算法，它通过度量到质心（Centroid）到质心的点距离来实现聚类，通常可用于具有 N 维空间的对象（Chen 等，2010），可用于本研究中的广东省年蒸发皿蒸发量的分类。

3. 反距离权重法

反距离权重法（IDW）主要依赖于反距离的幂值，幂参数可基于距输出点的距离来控制已知点对内插值的影响。幂参数是一个正实数，默认值为 2（一般取值为 0.5~3，可获得最合理的结果），通过定义更高的幂值，可进一步强调邻近点。因此，邻近数据将受到更大影响，表面会变得更加详细（更不平滑）。随着幂数的增大，内插值将逐渐接近最近采样点的值，指定较小的幂值将对距离较远的周围点产生更大的影响，从而导致平面更加平滑。

4. 滑动平均法

滑动平均法常用于时间序列数据分析，可实现平滑短期波动及突出长期趋势或周期（Zhao 等，2008）。在本研究中，将运用 5 年滑动平均法来分析研究区域年蒸发皿蒸发量的变化。

三、结果

1. 过去 50 年蒸发皿蒸发量的变化趋势

年平均蒸发皿蒸发量的线性趋势分析和 5 年滑动平均值，如图 8‐2 所示。

从图 8-2 可以看出，广东省 E_{pan} 从 1957—1997 年呈下降趋势，随后缓慢增长。在 1957—2006 年期间，广东省的年蒸发皿蒸发量以 3.36mm/a 的平均速率变小。总的来说，广东省蒸发皿蒸发量在过去的几十年里呈下降趋势，这证实了广东省属于中国 8 个蒸发皿蒸发量发生明显下降的气候区域之一（Liu 等，2004）。通过采用 Mann-Kendall 趋势检验法对 1957—2006 年期间各站点数据进行检测，了解年蒸发皿蒸发量的变化趋势的空间分布情况。年蒸发皿蒸发量在站点间的变化趋势，大多数站点（65 个站点）呈减少趋势，超过一半的站点（49 个站点）显著下降，而仅有 8 个站点显著增长，主要位于珠江三角洲的西南部和广东省的东部。研究结果表明，除珠江三角洲、北江流域和汉江流域部分地区的增长趋势不明显外，研究区域大部分地区都有下降趋势，甚至有明显的下降趋势。

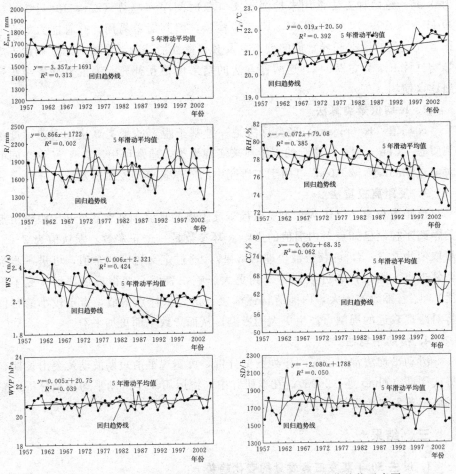

图 8-2　1957—2006 年期间广东省气候因子年平均变化趋势示意图

2. 蒸发皿蒸发量的时空分布

广东省年均蒸发皿蒸发量在不同时期（20 世纪 60 年代、70 年代、80 年代、90 年代和 21 世纪初）的空间分布情况，可以看出蒸发皿蒸发量的空间格局中在 5 个不同时期基本保持一致。大致情况为：北江流域的北部、东江流域和西江流域形成一个低值中心，而高值区主要分布在广东省的东部和西部，特别是滨海地区。显然，北江流域大部分地区和西江流域由于相对远离大海而处于低值区。广东省滨海和内陆地区分别处于高蒸发量和低蒸发量水平。然而，蒸发皿蒸发的空间分布在不同时期还是存在差异的。年均蒸发皿蒸发量的空间变化更均匀，从 1957—2000 年蒸发量高值区从粤西流域逐渐转移到珠江三角洲和粤东流域。

3. 蒸发皿蒸发量及其他气候因子的分类

由以上分析可知，蒸发皿蒸发量的变化和其他气候因子之间的关系在区域尺度上存在着差异。这是因为单一气候因子的影响，特别是多个气候因子之间的相互作用可导致区域间的蒸发皿蒸发量发生显著变化，即使在同一区域内也存在着时空差异（Irmak 等，2012）。与此同时，蒸发皿蒸发量对同一个气候因子的敏感性从一个区域到另一个区域也大相径庭。因此，为了分析蒸发皿蒸发量的时空变化及其对区域气候因子的响应，根据蒸发皿蒸发量和其余 7 个气候因子的聚类分析结果，在空间上将广东省分为 4 个区域。一区（12 个站点）位于广东省西南部，称为西南部，主要包括粤西流域。二区（44 个站点）位于广东省东部，称为东部，其中包括东江流域、韩江流域和粤东流域。三区（7 个站点）包括粤西河流域和珠江三角洲的过渡区，称为中部。四区（22 个站点）位于广东省西北部，称为西北部，包括北江流域和西江流域。关于这 4 个区域的年均蒸发皿蒸发量，一般情况下一区的蒸发量最大，然后依次为二区和三区，四区则处于最低值，其站点均位于内陆地区。

图 8-3 给出了每个区域的年平均蒸发皿蒸发量以及 5 年滑动平均值。图 8-3 表明，4 个区域年平均蒸发皿蒸发量均减少，一区以 6.25mm/a 的速率减少，远远大于其他预期，而二区和三区的减少速率约为 3.6mm/a，4 区的递减速率则为 2.5mm/a。三区和四区有着几乎相同的蒸发皿蒸发量变化曲线，特别是 20 世纪 80 年代往后。同时，一区的蒸发皿蒸发量在 1970—1997 期间虽有明显的下降，但是整体变幅小于其他区域。

4. 潜在因素

本研究分析了广东省近 50 年来广东省 4 个区域年均蒸发量与日照时数之间的相关关系，结果见图 8-4。从图 8-4 可以看出，广东省的年均蒸发量与日照时数总体上呈较为显著的正相关关系，尤其是四区。而在三区，两者的相关关系较为薄弱。

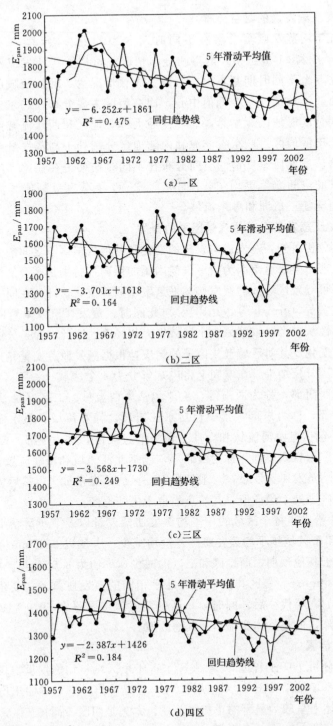

图 8-3　1957—2006 年广东省 4 个区域年均蒸发量趋势分析示意图

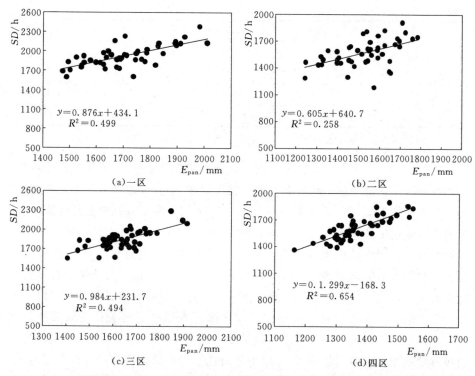

图 8-4 1957—2006 年广东省四区域年均蒸发量-日照时数散点图

　　为了进一步分析引起蒸发皿蒸发量减少的相关因素，本研究对蒸发皿蒸发量和其他气候因素进行了相关性分析。表 8-4 展示了 4 个区域的蒸发皿蒸发量和其他气候因素之间的相关系数。本研究分析了蒸发皿蒸发量与区域气候因素之间的相关系数，并在一定程度上确定了引起蒸发下降的主要因素。表 8-4 表明在各个区域的气候因子中，日照时数和风速与蒸发量呈正相关，而降雨量和气温与蒸发量呈负相关。在所有区域中，日照时数的相关系数均为最大，这表明了蒸发量与日照时数有显著的正相关关系。图 8-4 给出了 4 个区域的日照时数与蒸发量的相关关系，各区域的相关系数分别为 0.71、0.51、0.7 和 0.81，并超出了置信区间（绝对值大于 0.2875）。

表 8-4　广东省 4 个区域蒸发皿蒸发量与其余气候因子的相关系数表

区域	时间序列						
	日照时数/h	相对湿度/%	降雨/mm	气温/℃	水汽压/hPa	云量/%	风速/(m/s)
1	0.71*	−0.05	−0.42*	−0.34*	−0.28	0.07	0.35*
2	0.51*	−0.33*	−0.51*	−0.03	0.16	0.23	0.11

区域	时间序列						
	日照时数 /h	相对湿度 /%	降雨 /mm	气温 /℃	水汽压 /hPa	云量 /%	风速 /(m/s)
3	0.70*	0.03	−0.49*	−0.29*	−0.38*	−0.19	0.25
4	0.81*	−0.04	−0.58*	−0.21	−0.42*	−0.48*	0.46*

* 表示超出了置信区间（绝对值大于 0.2875）

表 8-4 也表明了蒸发皿蒸发量和其他气候因素的相关性存在区域差异。例如在一区中，降雨量、风速和气温与蒸发量在 0.05 显著性水平上显著相关，相关系数分别为 0.35、−0.42 和 −0.34。这表明，除了日照时数外，降雨量、风速和气温也是造成蒸发量减少的重要气候因素。二区也有类似的情况，除了日照时数外，降雨量也可以被视为关键的气候因子，因为它与蒸发量在 0.05 显著性水平上呈显著相关。三区的降雨量、气温和水汽压均与蒸发量有显著的负相关关系。由此可知，相比其他气候因素，降雨量、气温以及日照时数对蒸发量下降的影响更大。降雨量还是造成四区蒸发皿减少的关键气候因素，此外，水汽压的影响也应纳入考虑。这是因为这两者在过去的 50 年中不断增大，与蒸发量的相关系数也达到了 0.05 的显著性水平。总而言之，可以肯定的是，在 4 个区域中，蒸发皿蒸发量的下降更多是由于日照时数和风速发生下降以及降雨量和气温上升。此外，气候因素的变化引起的蒸发变化存在着空间差异。

基于上述分析可知，降雨量和蒸发皿蒸发量之间的相关性以及日照时数和蒸发量之间的相关性在广东省所有区域均显著。研究区域过去 50 年中降雨量和日照时数变化趋势的空间分布。大多数站点的日照时数（70 个站点）呈减少的趋势，超过一半的站点（45 个站点）显著下降，这表明了日照时数和蒸发量变化趋势在空间上的分布有良好的一致性。根据以上分析可以认为日照时数是影响蒸发皿蒸发量变化的关键因素。

四、讨论

在本研究中，我们发现广东省的蒸发皿蒸发量随着日照时数和风速的减小而减少，随着降雨量和气温的增加而减少。这表明了日照时数和风速是造成蒸发皿蒸发量减少的主要原因。此外，土地覆盖在蒸发皿蒸发量变化中起着重要的作用。广东省快速的城市化建设导致灌区面积减少，这可能使得近地表水汽压和相对湿度变小。广东省蒸发皿蒸发量自 20 世纪 60 年代以来持续变小，于 90 年代达到最低值，而在 2000 年后逐渐回升。1980—2000 年间，灌溉面积的平均减少率远远超过 2000 年（1980—2000 年为 1.3%，2000 年为 0.25%；

1980 年为 213 万 hm²，1990 年为 189 万 hm²，2000 年为 164 万 hm²，2010 年为 168 万 hm²）。因此，在过去的 30 年间灌溉面积变化与蒸发皿蒸发量变化密切相关，但两者之间的物理机制仍不清楚。

此外，改变蒸发皿蒸发量的另一个原因可能是随着人口的膨胀和经济的快速发展，特别是 1980 年以来，大气中的二氧化碳和气溶胶浓度上升。大量的二氧化碳使得昼夜温差减少，从而有助于相对温度保持稳定而不受气温上升的影响；因此蒸发皿蒸发量在气温增加的情况下仍呈现出增加的趋势。而且，越来越高的气溶胶浓度（机动车数量超过 522 万辆）降低了日照时数。以往的一些研究（Roderick 等，2004；Roderick 等，2005）尝试将此归因于温室效应增强，但仍需在世界上更多地方对蒸发皿蒸发量变化趋势进行更加深入的研究。

总体而言，本研究不仅揭示了影响广东省蒸发皿蒸发量的主要驱动因素，还表明了各气候因素对蒸发皿蒸发量的变化有着或多或少的影响，且这种影响会因所处区域的特点而有所差异。因此，当利用物理公式来描述评价蒸发皿蒸发量的时候应该将更多的气候因素纳入考虑范围。

五、结论

本研究统计分析了广东省过去 50 年内蒸发皿蒸发量的时空变化及其意义。利用 M - K 趋势检验法和线性趋势检验法进行气候序列数据的趋势分析，基于聚类分析的结果对蒸发皿蒸发量及其与气候因子的相关关系进行分析，这将有助于揭示广东省蒸发皿蒸发量的空间分布特征及其原因。结果表明：①广东省气候要素具有明显的空间特征，可分为西南部、东部、中部和西北部 4 个区域；②在过去 50 年内广东省蒸发皿蒸发量以 3.35mm/a 的速率减少，尤其是在西南部（主要在粤西流域），蒸发量减少速率最大，达 6.25mm/a；③蒸发量的减少幅度是从海滨地区到内陆地区逐渐降低，西南部蒸发量减少幅度最大，其次是东部和中部，西北部最小；④在所有区域中，日照时数明显降低，且相较其他气候因子，与蒸发皿蒸发量有着最大的正相关，因此被认为是导致蒸发皿蒸发量减少的主要气候因子。此外，在广东省内，降雨和气温的减少以及风速的增加均会导致蒸发皿蒸发量的减少，水汽压也是导致蒸发皿蒸发量减少的重要气候因素，在中部和西北部尤为明显。

蒸发皿蒸发量的研究为生态学、水文学、农业、工程的生产实践提供了基础。此外，由于蒸发过程的物理成因众多且复杂，很难对气候因素对蒸发皿蒸发量的影响进行定量描述。尽管由于缺乏对太阳辐射和气溶胶观测数据而导致难以描述其间的定量关系，但其他相关的气候因素包括净辐射可能对蒸发皿蒸发量有着较大的影响。此外，这类数据的缺失可以通过更为先进的建模与监测技术研究来解决，这些应该在进一步研究中有所考虑。

第三节　基于秩序的河流生态流量特征变化评价

本研究深入分析了珠江三角洲径流的演变趋势和驱动机理，建立了考虑秩序的河流生态流量特征变化评价方法（Lin 等，2016）。与原有的主流 RVA 方法相比，本研究引入了水文时间序列的秩序改变度的新思路，创新性地提出了周期改变度、趋势改变度和对称改变度 3 个指标，弥补了原有 RVA 方法的不足，可以更加全面和准确地评价河流生态水文特征的变化，为评价河流生态水文特征变化提供更加科学的计算依据。

大量的统计工具和方法被广泛应用于生态水文变化及其对生态系统的影响研究（Chen 等，2007；Ouyang 等，2011；SUN 和 Feng，2013；LAIZÉ 等，2014；Shiau 和 Huang，2014；Mittal，2016）。由 Richter 等创立的一种评估河流生态水文变化的指标体系（Indicators of Hydrologic Alteration，IHA）（Richter 等，1996），从流量的大小、时间、频率、历时和变化率等特征值来评价河流水文状态的改变，并提出采用 RVA 法（Range of Variability Approach）来分析河流在水文时间序列变异点前后与生态相关的水文因子的变化程度。

虽然 RVA 法被广泛用于评价水文情势的变化规律，但仍存在一定的局限性（Richter 等，2006；Shiau 和 Wu，2008）。例如，传统的 RVA 法只考虑目标范围内参数值的变化情势，而不考虑超出目标范围的水文参数的数值和频率分布情况（Shiau 和 Wu，2008）。因此，需要对传统 RVA 法做出一些修正以提高其性能。Shiau 等（2008）提出利用直方图匹配法（Histogram Matching Approach，HMA）估计水文情势的变化，此方法是通过计算 IHA 指标在变异点前后直方图频率向量的二次型距离来表征直方图的差异度，描述了水文变化的总方差（Yang 等，2012）。Kim 等提出基于信息熵的多准则决策方法，评价生态流量的变化特征（Kim 等，2014）。以上这些方法均未考虑各 IHA 生态水文指标的秩序，而秩序对生态系统具有重要意义（Yang 等，2014）。因此，Yang 等提出基于综合考虑频率和周期，利用最大熵谱分析法对 RVA 法进行修正（Yang 等，2014）。

任意时间序列可以分解为三项：周期项、趋势项和随机项（Brockwell 和 Davis，2002）。然而，Yang 等认为不是每个 IHA 生态水文指标都具有趋势性和对称性，这种修正 RVA 法最主要的局限性在于辨识周期过程的不确定性。另外，Yang 等提出未来应当发展相对较好的周期识别方法，以提高 RVA 法的适用性。因此，需要加入更多评价指标以全面评价每个 IHA 指标的变化情况。

此外，作为陆地和海洋连接纽带的河流三角洲，源源不断地为海洋提供陆源物质，如淡水、沉积物和营养物质（Liu 等，2014）。过去的几十年里，在气候变化和人类活动的影响下，河流三角洲系统变得越来越复杂，不仅对河道地貌形态造成重大影响，同时也改变了水文过程与生态环境（Bott 等，2006）。珠江三角洲位于珠江流域的入海口，是世界上最重要的城市群之一，对中国的社会经济发展具有举足轻重的作用（Ericson 等，2006）。珠江三角洲由西江、北江、东江冲积形成，国内学者已经开展气候变化和人类活动对珠三角水资源变化产生的影响的研究（Dai，等 2008；Chen 等，2012；He 等，2014）。作为东部发展最迅速的地区，在过去的 20 年间，人类活动作用严重影响了珠三角的水文形态变化，已经造成了许多环境问题，例如洪水、咸潮入侵和风暴潮等。然而，珠三角流量情势变化的研究依然不够彻底，包括流量大小、发生频率、持续时间、发生时间、变化率，以上指标是河流生态系统中基础生态过程的主要驱动因素（Poff 和 Zimmerman，2010），更新流量情势数据将有助于评估该区域生态水文变化情况及其原因。因此，本研究的目标为改进传统的评价河流生态水文变化情势的 RVA 法，并将改进的 RVA 法应用在珠三角地区。

本研究的结构如下：首先，简要介绍了 IHA 和 RVA 法；其后，阐述三种评价指标的定义和意义；然后，采用此三种指标评价珠三角的生态水文变化情况；再后，分析了珠三角生态水文变化的原因；最后，对主要的结果进行讨论并得出结论。

一、方法

（一）水文改变指标法（IHA）

本研究通过水文改变指标（IHA）统计软件评价水文情势变化情况，共有月平均流量、年极端流量、极端流量出现时间、高低流量的频率和延时、流量变化的改变率和频率等 5 类 33 个指标。珠江流域属于大流域，研究时间范围内，流域的水文站没有观测到零流量的情况，因此本研究只考虑不包括"断流天数"在内的其他 32 个参数。

（二）变化范围法（RVA）

RVA 方法是在 IHA 的基础上，基于未受人类活动影响前的正常流量序列范围，评价受人类活动影响之后的河道流量落于该范围的情况，改变度 D_R 其定义如下：

$$D_R = \left| \frac{N_o - N_e}{N_e} \right| \qquad (8-1)$$

式中：N_o 为在变异后的序列落入 RVA 目标范围的频次；N_e 为在变异后的序列预期落入 RVA 目标范围的年数。

将变异前各指标发生频率的 75% 及 25% 作为满足河流生态需求的变动范围，即 RVA 阈值（Hu 等，2008；Gao 等，2012）。

传统的 RVA 法反映了流量情势的变化情况，但其无法反映水文参数的发生频率在目标范围内的增减情况。为了解决这个问题，应用了以下公式：

$$D_R = \frac{N_o - N_e}{N_e} \qquad (8-2)$$

式中：当 D_R 值为正，表明在变异后目标范围内的参数频率增大；D_R 为负则表明减小。

（三）水文变异评价指标

1. 周期改变度评价指标

小波分析方法可以同时揭示时间序列的局部特征和频域，本研究选取 Morlet 小波作为小波基，Morlet 小波是高斯包络下的单频率正弦函数，即

$$\Psi(t) = \pi^{-1/4} e^{i\omega_0 t} e^{-t^2/2} \qquad (8-3)$$

式中：t 为时间参数；$i \in Z$；ω_0 是无量纲频率，一般地，$\omega_0 = 6$（Farge，1992）。

离散小波变换的序列 x_n 为

$$W_f(a,b) = |a|^{-\frac{1}{2}} \sum_{i=1}^{N} x_i \Psi^* \left(\frac{i\delta t - b}{a} \right) \qquad (8-4)$$

式中：$W_f(a,b)$ 为对小波变换系数；Ψ^* 为共轭复数；δt 为离散间隔；a、b 分别为平移、尺度参数。

根据 Torrence 等（1998），尺度参数 a 和周期时间 T 的关系为

$$T = \frac{4\pi a}{\omega_{0+} \sqrt{2 + \omega_0^2}} = 1.033a \qquad (8-5)$$

每个 IHA 的周期性变化可以表示为以下关系（Yang 等，2014）：

$$IP_i = \min \left(\frac{1}{N} \sum_{j,k=1}^{N_i} \frac{|T_{\text{pre},j} - T_{\text{post},k}|}{\max(T_{\text{pre},j}, T_{\text{post},k})} \right) \qquad (8-6)$$

式中：N_i 为在变异前后的第 i 个 IHA 指标的最大周期数，如果周期时间数是不相等的，采用零周期。值得注意的是，每次周期时间仅能使用一次；$T_{\text{pre},j}$ 为在变异前第 i 个指标的第 j 次周期时间；$T_{\text{post},k}$ 为在变异前后的第 i 个 IHA 指标的第 k 次周期时间。

2. 趋势改变度评价指标

本研究利用 M-K 趋势分析方法分析 IHA 指标的趋势性，计算检验统计量 S，公式如下：

$$S = \sum_{k=1}^{n-1} \sum_{j=k+1}^{n} \operatorname{sgn}(x_i - x_j) \tag{8-7}$$

标准的正态统计变量 Z 通过下式计算：

$$Z = \begin{cases} \dfrac{S-1}{\sqrt{\operatorname{Var}(S')}}, & S > 0 \\[2mm] 0, & S = 0 \\[2mm] \dfrac{S+1}{\sqrt{\operatorname{Var}(S')}}, & S < 0 \end{cases} \tag{8-8}$$

显著性水平 α 下的标准正态分布函数为 $F_n(Z_{1-\alpha/2}) = 1 - \alpha/2$。若 $|Z| > Z_{1-\alpha/2}$，则通过双边检验，Z 值为正，为上升趋势，否则为下降趋势（Gerstengarbe 和 Werner，1999；Karabork，2007）。本研究的 α 值设为 0.05，则 $|Z_{1-\alpha/2}| = 1.96$，若 $Z > 1.96$ 或 $Z < -1.96$，表明时间序列在 0.05 的显著性水平下呈现出显著上升或下降趋势。

本研究中的趋势变化指标（IT）可用式（8-9）表示：

$$IT = \begin{cases} \dfrac{|Z_{\text{pre}} - Z_{\text{post}}|}{\max(|Z_{\text{pre}}|, |Z_{\text{post}}|)}, & Z_{\text{pre}} \cdot Z_{\text{post}} > 0 \\[3mm] -\dfrac{|Z_{\text{pre}} - Z_{\text{post}}|}{\max(|Z_{\text{pre}}|, |Z_{\text{post}}|)}, & Z_{\text{pre}} \cdot Z_{\text{post}} < 0 \end{cases} \tag{8-9}$$

式中：Z_{pre}、Z_{post} 为在变异前、后的 Z 值，若 IT 值为正，表明在变异前后的趋势是一致的，否则表明趋势发生逆转。

3. 对称性改变度评价指标

传统的 RVA 方法只考虑目标范围内的水文参数的频率，忽略了目标范围外的数据。为了克服该缺点，对称性变化指标可用式（8-10）表示：

$$IS = \begin{cases} 0, & N_{\text{up}} = N_{\text{low}} = 0 \\[2mm] \dfrac{N_{\text{up}} - N_{\text{low}}}{N_{\text{up}} + N_{\text{low}}}, & \text{其他} \end{cases} \tag{8-10}$$

式中：N_{up}、N_{low} 分别为上边界、下边界的年数，若 IS 值为正，表明上偏，即在变异后参数值明显增大，否则表明下偏，即在变异后参数值下降。

改进 RVA 法的流程如图 8-5 所示。

二、研究区域和数据

珠三角是珠江河口的低洼地区，由西江、北江于思贤滘河道汇聚冲积形成。西江和北江为几个主要城市提供基本生活用水，包括佛山和广州。研究表明气候变化和人类活动对珠三角地区水资源产生了一定影响（Luo 等，2007；Liu 等，2014）。作为东部发展最迅速的地区，在过去的 20 年间，珠三角的生

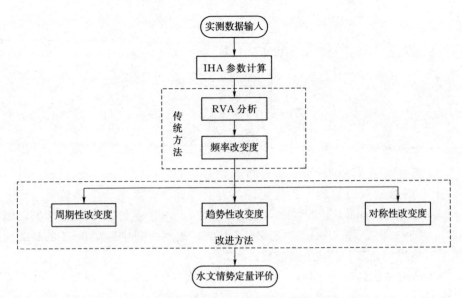

图 8-5　传统 RVA 法和改进 RVA 法的技术路线图

态水文变化主要取决于人类活动作用，已经造成了许多生态环境问题，例如洪水、咸潮入侵和风暴潮等。

　　本研究利用西江的马口站和北江的三水站的日流量数据反映生态水文变化特征，如图 8-6 所示。高要站和石角站是其他两条主要支流的控制水文站，马口站和三水站控制了从珠三角到南海的流量。水文数据为马口站和三水站1960 年 1 月 1 日至 2009 年 12 月 31 日的流量数据，数据来源于水利部编制的河流泥沙公报和广东水文局。自 20 世纪 90 年代起，西江上建成了许多大型水库，如岩滩（建于 1992 年）、百龙滩（建于 1996 年）和天生桥（建于 1997年），水库的总库容达 138.82 亿 m³。由于水库的影响，河流流量已经发生变化（Liu 等，2006；Li 等，2010；Liu 等，2015）。另外，在 80 年代末，非法采砂活动也逐渐开始。因此，本研究将 1990 年作为径流变异时间点。

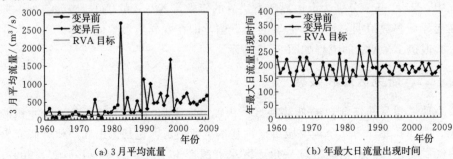

(a) 3 月平均流量　　　　　　　(b) 年最大日流量出现时间

图 8-6　三水站 3 月的月平均流量和年最大日流量出现时间的 RVA 法计算结果

三、结果

1. RVA 结果

表 8-5 清晰地反映了三水站和马口站的生态水文指标变化情况，由传统RVA 法得到的 10 个 IHA 指标的频率变化达到 100%。图 8-6 显示了 3 月的月平均流量和年最大日流量出现的时间，两者的 D_R 值均为 100%，而生态水文变化情况则恰恰相反。3 月的月平均流量参数预设的 RVA 目标范围内包含了零频率 [图 8-6 (a)]，尽管年最大日流量出现时间的目标范围也包含了零频率，结果表明 D_R 值有利于区分特定频率的变异情况。

表 8-5　　　　　　　　　三水站和马口站的生态水文指标变化情况

参数	三水站					马口站				
	IP	IT	IS		D_R	IP	IT	IS		D_R
组 1：月平均流量										
1 月	0.30	0.65	1.00	↑	−0.90	0.67	0.68	−0.18	↓	−0.70
2 月	0.41	0.84	1.00	↑	−0.90	0.65	0.32	−0.08	↓	−0.30
3 月	0.82	−1.06	1.00	↑	−1.00	0.33	−1.02	0.33	↑	−0.20
4 月	0.75	−1.36	0.75	↑	−0.60	0.75	0.97	−0.29	↓	−0.40
5 月	0.17	−1.30	0.69	↑	−0.30	0.19	−1.36	−0.64	↓	−0.10
6 月	0.35	−1.25	1.00	↑	0.00	0.56	0.46	0.00	—	0.20
7 月	0.74	0.60	1.00	↑	−0.40	1.00	0.69	0.64	↑	−0.10
8 月	0.50	0.62	0.67	↑	−0.20	0.24	0.48	−0.50	↓	−0.20
9 月	0.55	−1.74	0.50	↑	−0.60	0.55	−1.64	−1.00	↓	0.10
10 月	0.40	−1.54	1.00	↑	0.00	0.33	−1.06	−0.54	↓	−0.30
11 月	0.69	0.92	1.00	↑	−0.40	0.36	0.29	−0.71	↓	−0.40
12 月	0.63	0.28	1.00	↑	−1.00	0.26	−1.39	−0.17	↓	−0.20
组 2：年极端流量										
年均最小 1 日流量	0.40	−1.07	1.00	↑	−0.70	0.63	0.73	−0.33	↓	0.10
年均最小 3 日流量	0.28	0.85	1.00	↑	−1.00	0.29	0.63	−0.33	↓	0.10
年均最小 7 日流量	0.27	0.81	1.00	↑	−1.00	0.55	0.45	−0.45	↓	−0.10
年均最小 30 日流量	0.54	0.74	1.00	↑	−1.00	0.56	0.41	−0.20	↓	0.00

参数	三水站				马口站			
	IP	IT	IS	D_R	IP	IT	IS	D_R
组 2：年极端流量								
年均最小 90 日流量	0.30	0.81	1.00	↑	−1.00	0.21	0.02	−0.25	↓	0.20
年均最大 1 日流量	0.35	−1.53	0.69	↑	−0.30	0.54	0.68	0.33	↑	0.10
年均最大 3 日流量	0.35	−1.63	0.67	↑	−0.20	0.39	0.68	0.33	↑	0.10
年均最大 7 日流量	0.34	−1.85	0.82	↑	−0.10	0.36	−1.16	0.09		−0.10
年均最大 30 日流量	0.24	−1.37	0.69	↑	−0.30	0.24	−1.19	−0.08		−0.30
年均最大 90 日流量	0.73	−1.24	1.00	↑	−0.30	1.00	0.67	−0.08		−0.30
基流量	0.38	0.83	1.00	↑	−1.00	0.49	0.62	0.08		−0.30
组 3：年极端流量发生时间								
年最小日流量出现时间	0.63	0.73	0.00	—	−0.60	0.27	0.43	0.00	—	0.40
年最大日流量出现时间	0.31	0.18	0.00	—	1.00	0.67	0.39	0.00	—	1.00
组 4：高低流量的频率和延时								
年发生低流量频率	0.18	−1.36	−0.63	↓	−0.60	0.86	0.92	0.71	↑	0.30
低流量平均延时	0.29	0.93	−1.00	↓	−1.00	0.76	0.86	0.14		0.30
年发生高流量频率	0.18	−1.77	−0.75	↓	−0.60	0.67	−1.45	0.00		0.00
高流量平均延时	0.41	0.70	0.60	↑	−0.50	0.41	0.91	−0.27	↓	−0.10
组 5：流量变化的改变率和频率								
流量平均增加率	0.67	−1.07	1.00	↑	−0.60	0.18	−1.61	0.33	↑	0.10
流量平均减少率	1.00	0.86	−1.00	↓	−0.70	0.69	−1.10	−0.60	↓	−0.50
每年流量逆转次数	0.79	0.80	1.00	↑	−1.00	0.70	0.36	0.88	↑	−0.60

注 "↑"表示上偏，"↓"表示下偏，"—"表示无偏。

表 8-5 中，三水站 29 个参数的 D_R 值为负值，表明 RVA 目标范围内的大多数 IHAs 发生频率下降。18 个参数为负值，11 个参数为正值，使得三水站的 RVA 结果变得更加复杂。在马口站，月平均流量指标中，除 3 月和 7 月，其他月份的月平均流量均下降。此外，马口站的多日最小流量的频率中，除年最小 7 日平均流量外，在变异前后时期目标范围内的值均增大，年最大 7 日、

30 日、90 日流量均下降。

2. 周期分析

采用 Morlet 小波分析方法对 32 个 IHA 参数进行周期性分析。图 8-7 显示了三水站 10 月和马口站 9 月的月平均流量的小波转换系数实部等值线，正值、负值分别代表湿润期、干旱期。三水站在变异前的主周期为 3～6 年、8～12 年、13～16 年，在变异后的主周期为 2～4 年、6～8 年、9～13 年；马口站在变异前的周期为 2～4 年、5～8 年、13～16 年，在变异后的周期为 5～8 年、9～12 年。

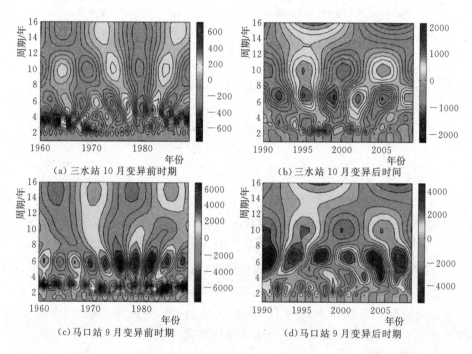

(a) 三水站 10 月变异前时期　　　　(b) 三水站 10 月变异后时间

(c) 马口站 9 月变异前时期　　　　(d) 马口站 9 月变异后时期

图 8-7　三水站 10 月和马口站 9 月的月平均流量在变异点前后的
小波转换系数实部等值线图

为了确定准确的周期时间，本研究绘制了小波全谱图（图 8-8），基于 95% 置信水平，利用白噪声或红噪声作为背景谱检验功率谱峰值。图 8-8（a）、（b）显示三水站 10 月的月平均流量在变异前时期的 3 个峰值中只有 1 个峰值通过了 95% 置信水平检验，主周期为 4 年；在变异后时期，有 2 个峰值通过了显著性检验，平均周期为 2.5 年和 6.7 年，其中 6.7 年为主振荡周期，2.5 年为第二显著周期。图 8-8（c）、（d）显示马口站 9 月的月平均流量在变异前时期的周期为 3 年和 6 年，在变异后时期的周期为 6.7 年。

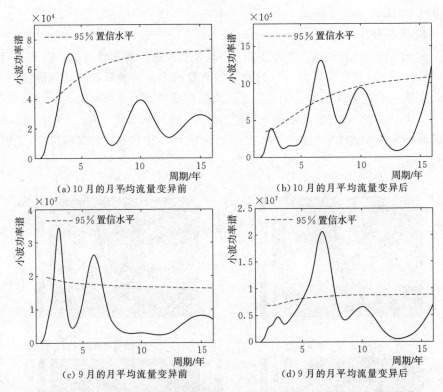

图 8-8　10 月的月平均流量在变异前、变异后和 9 月的月平均流量在变异前、
变异后的小波全谱图（实线为小波功率谱，虚线为 95％置信水平下的频谱）

　　主周期时间深受流量影响，然而传统 RVA 法不能反映周期变化。为了揭示流量的周期变化，本研究计算了周期性改变度（IP），表 8-5 显示三水站、马口站分别有 13、28 个参数的 IP 值比 D_R 值高。结果表明，传统 RVA 法忽略了系列中的周期项，低估了生态水文变化情况。

3. 趋势分析

　　采用 M-K 趋势分析方法对序列在变异点前后的趋势变化进行分析，采用趋势改变度（IT）分析趋势变化情况。表 8-5 显示三水站有 15 个参数显示逆向趋势，有 21 个参数的 IT 值比 D_R 值高，平均 IT 值为 1.04，远大于平均 D_R 值 0.62。传统 RVA 法计算马口站的水文指标变化度仅为 0.26，属于 Richter 分类表中的低改变度（Richter 等，1998）。然而 10 个具有逆向趋势的参数的平均 IT 值为 0.68，而且有 27 个参数的 IT 值比 D_R 值高。特别地，一些水文指标呈现相反趋势，例如年最大 3 日平均流量参数［图 8-9（a）］。马口站也出现相同情况，例如 12 月的月平均流量［图 8-9（d）］和年最大 7 日平均流量［图 8-9（e）］。结果表明，传统的 RVA 低估了水文情势的变化情况。因此，需要考虑趋势性成分以获得更准确的结果。

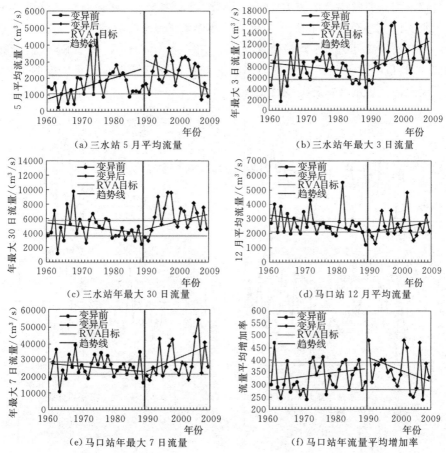

图 8-9　三水站和马口站部分 IHAs 的趋势性分析结果

4. 对称性分析

如上文提到的传统的 RVA 法忽略目标范围外的时间序列，为了克服这一局限性，提出了对称性分析方法。不对称范围的设定和传统 RVA 法相同，因此，在变异前时期的对称性变化指标（IS）值为 0，表明水文序列是无偏的，用 IS 值表示在变异后时期的水文参数的对称性。

通过式（8-10）计算三水站和马口站的 IS 值，表 8-5 结果显示，三水站的 28 个参数明显上偏，18 个参数改变度为 1，只有 2 个参数无偏，20 个参数的 IS 值比 D_R 值高。马口站的对称性分析结果显示有 19 个参数的 D_R 值无法反映生态水文变化情况，其 IS 值比 D_R 值高，特别是 3 月的月平均流量和多日最小平均流量。图 8-10 显示了三水站 [图 8-10（a）～图 8-10（c）] 和马口站 [图 8-10（d）～图 8-10（f）] 的对称性分析结果，三水站在变异后时期的 7 月流量值和频率均增加，在变异前时期的下边界没有流量数据。若只考虑目标范围内的频率，传统 RVA 法计算的改变度为 0，然而对称性分析结果显示水文情势已经发生了明显变化，有些参数的 IS 值达到了 1。自 1990 年起，马口站的 5 月的月平均流量逐渐减少 [图 8-10（d）]，传统 RVA 法计算得到的 D_R 值明显低估了参数的生态水文变化情况。结果表明，传统的 RVA 法不能全面评价水文情势的变化情况。

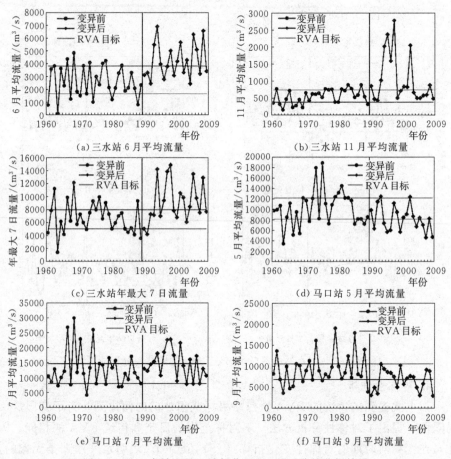

图 8-10　三水站和马口站部分 IHAs 的对称性分析结果

四、讨论

通过对比传统 RVA 法和改进 RVA 法，可以得知传统 RVA 法无法全面反映每个 IHA 指标的变化情况。一些研究试图对 RVA 法进行改进，以提高其性能，例如 Suen 和 Eheart、Bizzi 等提出了模糊数学方法（Suen 和 Eheart，2006；Bizzi 等，2012），Shiau 和 Wu 提出了直方图匹配法（Shiau 和 Wu，

2008)，Kim和Singh提出了基于信息熵的多准则决策方法（Kim和Singh，2014）。然而，以上方法均未能反映每个IHA指标的秩序，指标的秩序也是流域动植物健康的重要影响因素。

综上，珠江三角洲地区水文指标的周期性、趋势性和对称性已经发生改变。这些参数的秩序和对称性的差异可以归因为气候变化和人类活动的影响，这两个因素在不同的时空尺度下发挥作用。一般来说，年水文序列的周期性变化主要受气候的影响。Zhang等研究发现自从19世纪90年代末起，珠江流域的降雨量逐渐下降（Zhang等，2009），同时珠江流域降雨量的主要变化也深受印度洋偶极子过程（IOD）和厄尔尼诺-南方涛动（ENSO）的影响（Niu，2013）。

另外，珠三角水文参数的对称性变化主要受人类活动的影响，趋势性变化主要受气候变化和人类活动的共同影响（Zhang等，2009；Zhang等，2011）。作为东部发展最迅速的地区，在过去的20年间，珠三角的水文形态变化主要取决于人类活动作用。研究表明（Chen等，2002；Luo等，2007；Liu等，2014）大型疏浚和采河砂严重影响了河道形态及水文变异。在对采砂活动和河流测高进行实地调查的基础上，Luo等指出1986—2003年间超过8.7亿 m³ 的砂被开采，导致西江、北江主河道的平均下切深度分别为 0.59～1.73m、0.34～4.43m（Luo等，2007）。河道几何形态的变化改变了北江和西江的径流比，这也是珠三角水文情势变化的主要原因（Chen和Chen，2002；Luo，2007；Zhang等，2011）。对比传统RVA法，改进RVA法提供了更加全面的自然和人类活动下水文情势变化信息。因此，通过改进RVA法对水资源进行评价和管理，有利于保护生态系统的健康，以保证珠三角地区社会经济的可持续发展。

五、结论

生态水文变异是水文学中的重要课题。本研究考虑IHA的秩序和对称性，采用3个指标（IT、IP 和 IS）提高传统RVA法在全面评价生态水文变化情况中的适用性，通过分析珠江三角洲地区的马口站和三水站的生态水文时间序列，得出以下结论。

（1）周期分析可用于辨识每个IHA指标的周期时间，两个控制站的参数均发生了显著性变化。然而传统RVA法忽略了序列中的周期变化，低估了生态水文变化情况。传统RVA法计算得到较低的改变度，然而三水站8月和10月的月平均流量、年最大90日平均流量和马口站大部分参数均具有较大的周期改变度。因此，作为时间序列的重要组成部分，准确评估生态水文变化应考虑周期变化指标。

（2）趋势分析结果表明传统 RVA 法忽视了趋势项的变化情况。三水站每个 IHA 指标的趋势发生了明显变化，在变异前发生的变化通过了显著性检验，在变异后时期发生的变化没有通过检验；洪水期的月平均流量和多日最大平均流量在变异前后时期发生了明显变化；三水站的 12 月的月平均流量、年最大 7 日平均流量和马口站的上升率发生了显著变化，而传统 RVA 法计算出来的改变度却是低值。因此，必须考虑指标的趋势变化，以获得更准确的评估结果。

（3）对称性分析的结果表明三水站大多数 IHA 指标的对称性显著增加，马口站的结果更为复杂。三水站的 7 月和 10 月的月平均流量、年最大 7 日平均流量和马口站 5 月、7 月、9 月的月平均流量的 D_R 值偏低，而对称性改变度却偏高。通过加入对称性改变指标，改进 RVA 法可以全面评价生态水文变化情况。

水文情势变化是河流生态系统中一系列基础生态过程的主要驱动因素，本研究结果可以为珠江三角洲地区水资源管理和生态可持续发展提供依据。

参 考 文 献

［1］　曾昭璇，黄伟峰. 广东自然地理［M］. 广州：广东人民出版社，2001.

［2］　Baettig M B，Wild M，Imboden D M. A climate change index：Where climate change may be most prominent in the 21st century［J］. Geophysical Research Letters，2007，34（1）. 1－6.

［3］　Basistha A，Arya D S，Goel N K. Spatial distribution of rainfall in Indian Himalayas－a case study of Uttarakhand region［J］. Water Resources Management，2008，22（10）：1325－1346.

［4］　Burn D H，Hesch N M. Trends in evaporation for the Canadian Prairies［J］. Journal of Hydrology，2007，336（1）：61－73.

［5］　Busuioc A，Dobrinescu A，Birsan M V，et al. Spatial and temporal variability of climate extremes in Romania and associated large－scale mechanisms［J］. International Journal of Climatology，2015，35（7）：1278－1300.

［6］　Butt N，Seabrook L，Maron M，et al. Cascading effects of climate extremes on vertebrate fauna through changes to low－latitude tree flowering and fruiting phenology［J］. Global Change Biology，2015，21（9）：3267－3277.

［7］　Chattopadhyay N，Hulme M. Evaporation and potential evapotranspiration in India under conditions of recent and future climate change［J］. Agricultural and Forest Meteorology，1997，87（1）：55－73.

［8］　Chen H，Guo S，Xu C，et al. Historical temporal trends of hydro－climatic variables and runoff response to climate variability and their relevance in water resource management in the Hanjiang basin [J]. Journal of Hydrology, 2007, 344 (3): 171 – 184.

[9] Chen H, Sun J. Changes in climate extreme events in China associated with warming [J]. International Journal of Climatology, 2015, 35 (10): 2735 – 2751.

[10] Chen J, Li Q, Niu J, et al. Regional climate change and local urbanization effects on weather variables in Southeast China [J]. Stochastic Environmental Research and Risk Assessment, 2011, 25 (4): 555 – 565.

[11] Chen Y D, Zhang Q, Lu X, et al. Precipitation variability (1956—2002) in the Dongjiang River (Zhujiang River basin, China) and associated large – scale circulation [J]. Quaternary International, 2011, 244 (2): 130 – 137.

[12] Chen Y D, Zhang Q, Xu C Y, et al. Multiscale streamflow variations of the Pearl River basin and possible implications for the water resource management within the Pearl River Delta, China [J]. Quaternary International, 2010, 226 (1): 44 – 53.

[13] Cohen S, Ianetz A, Stanhill G. Evaporative climate changes at Bet Dagan, Israel, 1964—1998 [J]. Agricultural & Forest Meteorology, 2002, 111 (2): 83 – 91.

[14] 《广东省防灾减灾年鉴》编纂委员会. 广东省防灾减灾年鉴. 2010 年卷 [M]. 广州: 岭南美术出版社, 2010.

[15] Degefie D T, Fleischer E, Klemm O, et al. Climate extremes in South Western Siberia: past and future [J]. Stochastic Environmental Research & Risk Assessment, 2014, 28 (8): 2161 – 2173.

[16] Eum H I, Simonovic S P. Assessment on variability of extreme climate events for the Upper Thames River basin in Canada [J]. Hydrological Processes, 2012, 26 (4): 485 – 499.

[17] Farquhar G D, Roderick M L. Pinatubo, diffuse light, and the carbon cycle [J]. Science, 2003, 299 (5615): 1997—1998.

[18] Fischer T, Menz C, Su B, et al. Simulated and projected climate extremes in the Zhujiang River Basin, South China, using the regional climate model COSMO-CLM [J]. International Journal of Climatology, 2013, 33 (14): 2988 – 3001.

[19] Fouillet A, Rey G, Laurent F, et al. Excess mortality related to the August 2003 heat wave in France [J]. Int Arch Occup Environ Health, 2006, 80 (1): 16 – 24.

[20] Gill J C, Malamud B D. Reviewing and visualizing the interactions of natural hazards [J]. Reviews of Geophysics, 2014, 52 (4): 680 – 722.

[21] Gleason K L, Lawrimore J H, Levinson D H, et al. A revised US climate extremes index [J]. Journal of Climate, 2008, 21 (10): 2124 – 2137.

[22] Goldberg E. Aggregated environmental indices: review of aggregation methodologies in use [J]. Organisation for Economic Co – operation and Development, Paris, 2002.

[23] Golubev V S, Lawrimore J H, Groisman P Y, et al. Evaporation changes over the contiguous United States and the former USSR: A reassessment [J]. Geophysical Research Letters, 2001, 28 (13): 2665 – 2668.

[24] 郭军, 任国玉. 黄淮海流域蒸发量的变化及其原因分析 [J]. 水科学进展, 2005, 16 (5): 666 – 672.

[25] Guo J, Guo S, Li Y, et al. Spatial and temporal variation of extreme precipitation indi-

ces in the Yangtze River basin, China [J]. Stochastic environmental research and risk assessment, 2013, 27 (2): 459 - 475.

[26] Hansen J, Sato M, Glascoe J, et al. A common - sense climate index: is climate changing noticeably? [J]. Proceedings of the National Academy of Sciences of the United States of America, 1998, 95 (8): 4113 - 4120.

[27] He Y, Lin K, Chen X, et al. Classification - Based Spatiotemporal Variations of Pan Evaporation Across the Guangdong Province, South China [J]. Water Resources Management, 2015, 29 (3): 901 - 912.

[28] He Y, Lin K, Chen X. Effect of Land Use and Climate Change on Runoff in the Dongjiang Basin of South China [J]. Mathematical Problems in Engineering, 2013, 2013 (1): 14 - 26.

[29] He Y, Lin K, Chen X, et al. Classification - Based Spatiotemporal Variations of Pan Evaporation Across the Guangdong Province, South China [J]. Water Resources Management, 2015, 29 (3): 901 - 912.

[30] Helsel D R, Hirsch R M. Statistical methods in water resources [M]. Amsterdam Elsevier, 1992.

[31] Hinton A C. Tidal Changes and Coastal Hazards: Past, Present and Future [M] // Natural Hazards. Berlin: Springer, 2000: 173 - 184.

[32] Irmak S, Kabenge I, Skaggs K E, et al. Trend and magnitude of changes in climate variables and reference evapotranspiration over 116 - yr period in the Platte River Basin, central Nebraska-USA [J]. Journal of Hydrology, 2012, 420: 228 - 244.

[33] Jaynes D B, Kaspar T C, Colvin T S, et al. Cluster analysis of spatiotemporal corn yield patterns in an Iowa field [J]. Agronomy Journal, 2003, 95 (3): 574 - 586.

[34] Kahya E, Kalaycı S. Trend analysis of streamflow in Turkey [J]. Journal of Hydrology, 2004, 289 (1): 128 - 144.

[35] Karl T R, Knight R W, Easterling D R, et al. Indices of climate change for the United States [J]. Bulletin of the American Meteorological Society, 1996, 77 (2): 279 - 292.

[36] Forthofer R N, Lehnen R G. Rank Correlation Methods [M] //Public Program Analysis. Berlin: Springer, 1981: 146 - 163.

[37] Kim S, Shiri J, Kisi O. Pan Evaporation Modeling Using Neural Computing Approach for Different Climatic Zones [J]. Water Resources Management, 2012, 26 (11): 3231 - 3249.

[38] Kim S, Shiri J, Kisi O, et al. Estimating Daily Pan Evaporation Using Different Data - Driven Methods and Lag - Time Patterns [J]. Water Resources Management, 2013, 27 (7): 2267 - 2286.

[39] Lin K, Lin Y, Liu P, et al. Considering the Order and Symmetry to Improve the Traditional RVA for Evaluation of Hydrologic Alteration of River Systems [J]. Water Resources Management, 2016, 30 (14): 5501 - 5516.

[40] 刘波, 马柱国, 丁裕国. 中国北方近 45 年蒸发变化的特征及与环境的关系 [J]. 高原气象, 2006, 25 (5): 840 - 848.

[41] Liu B, Xu M, Henderson M, et al. A spatial analysis of pan evaporation trends in Chi-

na，1955—2000 [J]. Journal of Geophysical Research Atmospheres，2004，109 (15)：1255 – 1263.

[42] Liu B，Chen X，Lian Y，et al. Entropy – based assessment and zoning of rainfall distribution [J]. Journal of Hydrology，2013，490 (1)：32 – 40.

[43] 刘敏，沈彦俊，曾燕，等. 近50年中国蒸发皿蒸发量变化趋势及原因 [J]. 地理学报，2009，64 (3)：259 – 269.

[44] Liu Y，Yu D，Su Y，et al. Quantifying the effect of trend，fluctuation，and extreme event of climate change on ecosystem productivity [J]. Environmental Monitoring & Assessment，2014，186 (12)：8473 – 8486.

[45] Lloret F，Escudero A，Iriondo J M，et al. Extreme climatic events and vegetation：the role of stabilizing processes [J]. Global Change Biology，2012，18 (3)：797 – 805.

[46] Mann H B. Nonparametric Tests Against Trend [J]. Econometrica，1945，13 (3)：245 – 259.

[47] Nandintsetseg B，Greene J S，Goulden C E. Trends in extreme daily precipitation and temperature near lake Hövsgöl，Mongolia [J]. International Journal of Climatology，2007，27 (3)：341 – 347.

[48] Panday P K，Thibeault J，Frey K E. Changing temperature and precipitation extremes in the Hindu Kush – Himalayan region：an analysis of CMIP3 and CMIP5 simulations and projections [J]. International Journal of Climatology，2015，35 (10)：3058 – 3077.

[49] Perkins S E，Moise A，Whetton P，et al. Regional changes of climate extremes over Australia-a comparison of regional dynamical downscaling and global climate model simulations [J]. International Journal of Climatology，2015，34 (12)：3456 – 3478.

[50] Peterson T C，Golubev V S，Groisman P Y. Evaporation losing its strength [J]. Nature，1995，377 (6551)：687 – 688.

[51] Piao S，Ciais P，Huang Y，et al. The impacts of climate change on water resources and agriculture in China [J]. Nature，2010，467 (7311)：43 – 51.

[52] 邱新法，刘昌明，曾燕. 黄河流域近40年蒸发皿蒸发量的气候变化特征 [J]. 自然资源学报，2003，18 (4)：437 – 442.

[53] 任福民，王小玲，董文杰，等. 登陆中国初、终热带气旋的变化 [J]. 气候变化研究进展，2007，3 (4)：224 – 228.

[54] 任国玉，陈峪，邹旭恺，等. 综合极端气候指数的定义和趋势分析 [J]. 气候与环境研究，2010，15 (4)：354 – 364.

[55] Roderick M L，Farquhar G D. The cause of decreased pan evaporation over the past 50 years [J]. Science，2002，298 (5597)：1410.

[56] Roderick M L，Farquhar G D. Changes in Australian pan evaporation from 1970 to 2002 [J]. International Journal of Climatology，2004，24 (9)：1077 – 1090.

[57] Roderick M L，Farquhar G D. Changes in New Zealand pan evaporation since the 1970s [J]. International Journal of Climatology，2010，25 (15)：2031 – 2039.

[58] Roy P，Gachon P，Laprise R. Assessment of summer extremes and climate variability over the north – east of North America as simulated by the Canadian Regional Climate Model [J]. International Journal of Climatology，2012，32 (11)：1615 – 1627.

[59] Shannon C E. A mathematical theory of communication [J]. Bell System Technical Journal, 1948, 27 (3): 379 - 423.

[60] Shen Y, Liu C, Min L, et al. Change in pan evaporation over the past 50 years in the arid region of China [J]. Hydrological Processes, 2010, 24 (2): 225 - 231.

[61] 施雅风, 沈永平. 西北气候由暖干向暖湿转型的信号、影响和前景初探 [J]. 科技导报, 2003, 21 (2): 54 - 57.

[62] Tabari H, Marofi S. Changes of Pan Evaporation in the West of Iran [J]. Water Resources Management, 2011, 25 (1): 97 - 111.

[63] Tabari H, Marofi S, Aeini A, et al. Trend analysis of reference evapotranspiration in the western half of Iran [J]. Agricultural & Forest Meteorology, 2011, 151 (2): 128 - 136.

[64] Tebakari T, Yoshitani J, Suvanpimol C. Time - Space Trend Analysis in Pan Evaporation over Kingdom of Thailand [J]. Journal of Hydrologic Engineering, 2005, 10 (3): 205 - 215.

[65] Trenberth K E, Fasullo J T. Climate extremes and climate change: The Russian heat wave and other climate extremes of 2010 [J]. Journal of Geophysical Research Atmospheres, 2012, 117 (D17): 17103.

[66] Wang H, Chen Y, Xun S, et al. Changes in daily climate extremes in the arid area of northwestern China [J]. Theoretical & Applied Climatology, 2013, 112 (1 - 2): 15 - 28.

[67] Wang X L. Accounting for Autocorrelation in Detecting Mean Shifts in Climate Data Series Using the Penalized Maximal t or F Test [J]. Journal of Applied Meteorology & Climatology, 2008, 47 (9): 2423 - 2444.

[68] 陈永勤, 张强, 陈晓宏. 广东省半个世纪以来的洪水、干旱与台风灾害演变特征研究 [J]. 水资源研究, 2012, 01 (4): 169 - 174.

[69] Weber K, Stewart M. A Critical Analysis of the Cumulative Rainfall Departure Concept [J]. Ground Water, 2004, 42 (6): 935 - 938.

[70] Wu C H, Huang G R, Yu H J, et al. Spatial and temporal distributions of trends in climate extremes of the Feilaixia catchment in the upstream area of the Beijiang River Basin, South China [J]. International Journal of Climatology, 2014, 34 (11): 3161 - 3178.

[71] Xu J. An Analysis of the Climatic Changes in Eastern Asia Using the Potential Evaporation [J]. Journal of Japan Society of Hydrology & Water Resources, 2009, 14 (2): 151 - 170.

[72] Yan Z, Qiu X F, Liu C M, et al. Changes of pan evaporation in China in 1960—2000 [J]. Advances in Water Science, 2007. (in Chinese)

[73] Zar J H. Biostatistical Analysis [M]. 5th Edition. New York: Prentice-Hall, 2007.

[74] Zhang Q, Zhang W, Chen Y D, et al. Flood, drought and typhoon disasters during the last half - century in the Guangdong province, China [J]. Natural Hazards, 2011, 57 (2): 267 - 278.

[75] Zhang Y, Liu C, Tang Y, et al. Trends in pan evaporation and reference and actual e-